LA DOMINATRICE DU MONDE ET SON OMBRE

ACTUALITÉS SCIENTIFIQUES

LA DOMINATRICE DU MONDE
ET SON OMBRE

CONFÉRENCE SUR L'ÉNERGIE ET L'ENTROPIE

PAR LE

Dr Félix AUERBACH

Professeur à l'Université d'Iéna.

Édition française publiée avec l'assentiment de l'auteur ar le Dr E. ROBERT-TISSOT, médecin à la Chaux-de-Fonds (Suisse).

Préface de M. Ch.-Éd. GUILLAUME, Directeur-adjoint du Bureau international des Poids et Mesures.

PARIS
GAUTHIER-VILLARS, IMPRIMEUR-LIBRAIRE
ÉDITEUR DES ACTUALITÉS SCIENTIFIQUES
QUAI DES GRANDS-AUGUSTINS, 55

1905

AVANT-PROPOS

L'énergétique est actuellement à la base des sciences physiques et naturelles.

La connaissance de son évolution est donc nécessaire aux techniciens, aux physiciens et aux biologistes.

Les philosophes auront aussi profit à la connaître, parce qu'elle leur sert à édifier leur conception de l'Univers.

Ces raisons m'ont engagé à traduire le discours de vulgarisation scientifique de M. Auerbach.

Je me sens pressé de remercier ici le savant professeur d'Iéna. Son amabilité et sa complaisance m'ont été d'un grand secours.

Merci aussi à M. Ch.-Éd. Guillaume qui a bien voulu écrire une préface et revoir les épreuves. Les conseils éclairés et les justes critiques de ce savant physicien ont grandement facilité ma tâche et ont donné à ma traduction une valeur qu'elle n'aurait pas eue par mes seuls moyens.

Je suis heureux de lui exprimer ici toute ma reconnaissance.

E. Robert-Tissot.

PRÉFACE

La rapidité de pénétration des idées scientifiques est telle aujourd'hui qu'une découverte, surprenante pour une génération de penseurs, est banale pour la masse dans la génération suivante. Nos aînés en sont si certains et si conscients qu'à peine nous en font-ils observer le merveilleux principe; nous pensons bientôt l'avoir puisé dans l'air même que nous respirons, tant notre ambiance en est imprégnée. N'avons-nous point su, dès notre première observation consciente de la disparition d'un morceau de bois dans la joyeuse flambée de la cheminée, qu'il s'était échappé en une matière invisible pour nous, mais bien réelle et dont la totalité, additionnée des éléments pris à l'atmosphère, se retrouvait dans l'ensemble des produits de la combustion? Et cependant rien ne dut égaler, un siècle auparavant, l'étonnement de ceux qui, les premiers, purent entrevoir la loi primordiale de la conservation de la matière, découverte dans le détail des habiles manipulations des plus grands chimistes.

A l'époque où les hommes de ma génération cherchaient leur initiation à la science, la loi de la conservation de l'énergie était encore de trop récente découverte pour être entrée profondément dans l'esprit moyen, et les livres par la lecture desquels nous avons acquis nos premières notions n'étaient point encore sous son absolue domination. Si aucun des romans de science populaire ne transgressait alors la loi de la conservation de la matière, combien de péchés étaient alors commis par les écrivains de l'enfance contre le principe qui nous occupe! Nous savions bien alors que la recherche du mouvement perpétuel mécanique est une chimère, mais nous n'eussions pas hésité, si la machine dynamo eût été industrielle, à penser qu'il pût être avantageux de remplacer le foyer d'une chaudière par une spirale parcourue par un courant électrique.

Ce fut donc avec des transports d'enthousiasme que nous vîmes apparaître, par les propriétés des surfaces de niveau, une première forme spécialisée du grand principe de la conservation, et que, à mesure que nous avancions dans nos études, nous comprîmes de plus en plus complètement sa généralité. A cette époque, le mémoire d'Helmholtz n'était plus une nouveauté. Helmholtz était dans tout l'éclat de sa gloire et de sa dictature scientifique, alors que sa célèbre synthèse est une œuvre de ses débuts. Cependant, pour la jeunesse studieuse de l'époque dont je parle et qui se place assez exactement au troisième quart du siècle écoulé, ce mémoire marquait encore l'aurore d'un temps nouveau, dont nous savourions avec délices les heures matinales. Éclos au plein milieu du XIXe siècle, le principe en domine toute la seconde moitié, dont l'évolution scientifique en porte la trace indélébile.

Pour nos fils, ce principe sera sans doute tout aussi naturel et aussi évident que le fut pour nous, dès l'enfance, celui de la conservation de la matière; et leur surprise, lorsqu'il leur sera révélé dans sa splendide généralité, ne sera pas plus grande que celle qu'ils ont éprouvée lorsque, pour la première fois, ils ont pu, grâce à la grande invention de Graham Bell, converser avec leur père éloigné de cent kilomètres.

Que l'on observe un jeune enfant écoutant au téléphone : cette merveille incomparable lui semble tout aussi naturelle que les objets les plus usuels, qu'il a toujours vus autour de lui, comme, partout où il est allé, il a constaté la présence du microphone et du timbre d'appel.

Pour cette génération blasée par l'œuvre prodigieuse des précédentes, le principe de la conservation de l'énergie sera une de ces belles choses, banales et nécessaires, que leurs prédécesseurs eurent un assez mince mérite à découvrir, tant son évidence saute aux yeux.

Mais c'est précisément lorsque le principe de la conservation sera devenu banal que son utilité sera pleinement acquise ; c'est lorsque tout apprenti dans la science le maniera avec une sûreté parfaite qu'il se montrera surtout fécond. Il épargnera alors, même aux débutants, les recherches infructueuses dans les cas particuliers, alors que le principe général pourra leur donner, pour ainsi dire mécaniquement et avec une parfaite évidence, la solution qu'ils cherchent.

A ce point de vue, le principe de la conservation de l'énergie est un étrange économisateur ; car, parmi toutes les énergies qu'il conserve, celle de la pensée n'est certes pas la moindre. Tout comme la découverte du calcul infinitésimal appliqué aux problèmes de la géométrie a rendu désormais inutile l'accomplissement des tours de force tels qu'aimaient à les accomplir les géomètres du début du XVIIe siècle, et mis un bon bachelier, pour la facilité de la découverte géométrique, bien au-dessus d'un Fermat ou d'un Roberval, de même un élève moyen d'une école supérieure peut, grâce au principe de la conservation, prédire un nombre incalculable de phénomènes à travers lesquels se seraient orientés péniblement, les grands savants du commencement du XIXe siècle.

Le principe de la conservation de l'énergie est donc un admirable outil, et c'est pour cela plus encore peut-être que pour son immense portée philosophique qu'il est utile de le faire pénétrer dans l'esprit de tous par des exemples familiers, desquels il se dégage pour ainsi dire de lui-même.

Tel est le but que s'est proposé M. Auerbach, dans un discours prononcé non point devant des savants spécialistes, mais dans une réunion d'adeptes de toutes les sciences, ou de simples amis de l'étude scientifique. Ce but, il l'a poursuivi, non en voyageur qui va droit au terme de sa course, mais en excursionniste, s'arrêtant volontiers au buisson du chemin, et faisant halte en tout endroit où un regard en arrière lui offre la perspective d'un beau paysage.

Parfois, un léger brouillard s'est élevé sur son passage; le paysage lui apparaît à travers un voile de brume ténue, donnant aux objets lointains un contour imprécis et délicat. Sorti de son laboratoire, où il a poursuivi la recherche précise des faits, le savant allemand laisse volontiers flotter dans son esprit un de ces *Lieder* si populaires et si aimés, qui ont bercé son enfance, se disant à lui-même les vers qui se déroulent le long de la mélodie, ces vers intraduisibles tant ils embrassent d'idées aux contours vagues, et si poétiques parce que chacun y retrouve le reflet de sa propre pensée.

Tel est l'opuscule de M. Auerbach, excursionniste et imagé, imprévu et vaporeux. Ces qualités du discours sont plus accentuées dans l'original que dans l'excellente traduction qu'en a donnée le docteur Robert-Tissot; car, dans le texte français, qui aime à être précis, elles eussent été moins appréciées. Le traducteur a donc eu raison d'en atténuer la forme, ce qu'il a fait avec mesure, laissant à l'auteur celles de ses images susceptibles d'entrer dans le cadre transparent de la phrase française.

Dans ce qui précède, je n'ai parlé que de l'énergie. La tentative de M. Auerbach d'exposer le principe de la conservation sous une forme populaire n'est pas nouvelle ; dans le dernier demi-siècle, elle a été fréquente. Mais derrière l'énergie, s'étend ce que l'auteur appelle très justement son ombre, cette ombre qui s'allonge indéfiniment à mesure que le jour d'existence de notre système solaire s'en va vers le soir ; cette entropie, qui augmente sans cesse et qui tend à tout niveler, suivant un principe formulé pour la première fois par Sadi-Carnot, dans une heure d'envolée sur l'aile du génie.

Le principe d'évolution qui limite et dirige celui de conservation n'est point encore populaire, et on est même si peu certain de son absolue validité, que bien des découvertes nouvelles ont semblé le limiter à son tour. Le radium, dont on n'a pas songé un instant à soustraire les effets à la généralité du principe de la conservation, n'a-t-il pas semblé rendre un instant caduc celui de la transformation ?

Après avoir lu le discours de M. Auerbach, on comprend mieux la signification de ce principe qui, tout en laissant intacte la quantité de l'énergie, en diminue la qualité ; et ce sera le principal mérite de cet opuscule de dire, sous une forme accessible à tous, dans quel sens il faut entendre l'évolution des mondes, régie simplement par l'échange de l'énergie, dans le sens toujours privilégié de la descente, malgré les ascensions partielles auxquelles nous assistons chaque jour.

Ch.-Éd. Guillaume.

Pavillon de Breteuil, Sèvres, le 18 septembre 1904.

INDEX

LA DOMINATRICE DU MONDE
ET SON OMBRE

I

LOI DE LA CONSERVATION DE L'ÉNERGIE
L'ÉNERGIE DOMINATRICE DU MONDE

Un État n'est digne de ce nom que lorsqu'il a reçu une Constitution lui servant de loi suprême et fondamentale. Appliqué à l'ensemble de l'univers, ce principe montre qu'au point de vue du naturaliste le monde scientifique est encore étonnamment jeune. Nous ne sommes, en effet, que depuis peu en possession de la loi fondamentale régissant tous les phénomènes naturels : c'est la loi de la conservation de la force, comme on l'appelait autrefois, de la conservation de l'énergie, ainsi que le veut, avec raison, la nomenclature contemporaine.

Tous les phénomènes qui se déroulent dans l'espace infini et dans le torrent des heures qui s'écoulent sont régis par l'énergie. Ici cette souveraine semble donner, là elle paraît prendre, mais, en réalité, elle ne donne ni ne prend ; elle exerce sa puissance avec la plus parfaite justice ; elle éclaire de ses rayons sereins et toujours éclatants le grain de poussière le plus infime et les plus grands génies de l'humanité.

Mais l'ombre accompagne la lumière et celle que la dominatrice du monde, l'énergie, projette derrière elle est noire et profonde ; elle est protéiforme et mobile. Elle semble posséder une vie propre et paraît chercher à dominer elle-même le monde ; or son action est tout autre que celle de l'énergie. En l'observant il n'est pas possible de se défendre d'une sombre appréhension : cette ombre est un mauvais génie. Il s'efforce de limiter ou même de détruire ce que le génie rayonnant tend à apporter de beau, de grand et de bon.

Ce mauvais génie nous l'appelons *entropie ;* il est constaté qu'il s'accroît sans cesse ; il déploie ses tendances malignes lentement mais sûrement. Quelles garanties durables la Constitution offre-t-elle, puisqu'il existe des forces agissant sans trêve ni repos dans le but de la détruire ? *A quoi l'énergie servira-t-elle à la longue si son ombre s'allonge toujours davantage, s'accentue à mesure que le soir étend ses voiles sur la terre ? Ces ombres ne plongeront-elles pas finalement toutes choses dans la nuit la plus obscure ?*

Tous nous sommes sous la protection, de l'énergie et tous nous sommes exposés au poison perfide de l'entropie. Ne vaut-il pas la peine d'examiner de près la nature et l'activité de ces deux génies, quelle que soit du reste la place que nous occupons dans l'univers, la partie de l'idéal humain dans laquelle nous déployons notre activité? Pour cette étude le microsope du spécialiste est trop difficile à manier; nous mploierons donc la simple loupe de l'amateur. Elle aissera échapper, il est vrai, beaucoup de détails, mais elle nous permettra néanmoins de voir un grand ombre de faits.

Toujours subtil, le langage a féminisé l'énergie et l'entropie. Or, de temps immémorial, la nature féminine a été étudiée; c'est une tâche très difficile. Un novice peut se rendre compte de l'état d'âme d'une Pénélope toujours fidèle; mais il est bien difficile, même pour les plus experts, de se représenter ce qui e passe au fond du cœur d'une Circé toujours changeante.

De même, après des siècles d'études, l'énergie a ini par se dévoiler; l'entropie, par contre, est insaisissable, indéchiffrable; plus on l'approche, plus elle résente d'énigmes. Cependant, à l'heure qu'il est ous savons, d'une manière générale, ce qu'il faut enser des deux rivales.

II

LOI DE LA CONSERVATION DE LA MATIÈRE

Au commencement des vacances nous ne partons pas directement pour la Savoie dans le but de faire l'ascension du Mont-Blanc. Le voyageur expérimenté fait d'abord quelques excursions peu importantes afin de s'entraîner, d'exercer ses muscles et ses articulations. Nous nous inspirerons de cet exemple : avant d'entreprendre notre ascension abstraite et quelque peu ardue nous allons faire une promenade plus simple et plus concrète. Nous nous occuperons de la *matière* qui remplit l'univers tout entier; cette matière est visible et palpable, elle nous entoure de toutes parts et forme même notre être corporel. Une formule, un principe définissent la matière; cette formule serait plus connue qu'elle ne l'est en réalité si, dans sa naïveté, l'homme ne la considérait comme évidente; voilà pourquoi elle n'est pas appréciée à sa juste valeur, bien à tort, comme le montre l'histoire des sciences.

Voici ce principe : La quantité de la matière contenue dans l'univers reste toujours la même. Il peut encore être énoncé comme suit : La matière ne peut être ni créée ni détruite. C'est la loi de la *conservation de la masse* ou plus vulgairement de la *conservation de la matière.* Ces deux termes désignent une seule et même chose, mais la forme du premier est plus exacte parce que d'emblée il représente la matière comme une quantité dont la masse est mesurée; cette masse peut être exprimée en grammes, en kilogrammes. Dans l'univers, disons-le dès le début, elle reste toujours la même, alors que ses qualités peuvent varier continuellement; c'est ce qui a lieu, chacun le sait, dans une mesure extraordinairement large et étendue.

Nous avons énoncé cette loi sous une forme aussi générale que possible et en l'étendant à l'univers tout entier.

Elle s'applique aussi, avec une certaine restriction, à n'importe quelle partie de l'univers, à n'importe quelle association de force et de matière. Cette restriction la voici : Il est nécessaire que le reste de l'univers, le monde extérieur, soit fermé, c'est-à-dire que la matière ne puisse pas le pénétrer; si tel est le cas, tous les phénomènes qui se produisent en lui ne changent rien à la quantité de sa matière, à sa masse. Un système qui ne serait pas matériellement clos pourrait être complété par addition des complexes avec lesquels il fait des échanges matériels ; c'est dans ce sens que l'on parle de *systèmes matériellement incomplets* et de *systèmes matériellement complets*. Notre proposition signifie donc que la masse de tout système matériellement complet reste immuable *(Rem. 1)*.

L'application consciente de la loi de la conservation de la masse a fait de la chimie une science véritable alors qu'auparavant cette branche du savoir humain n'était que le rendez-vous d'idées sagaces, d'expériences ressemblant plutôt à des jeux et basées sur des vues fantastiques. Ce fait montre bien toute l'importance de cette loi. La chimie n'est une science, dans le sens strict du mot, que depuis un siècle, parce que la balance a comparé le poids, ou, ce qui revient au même, la masse des corps. Dans des cas innombrables, on trouva que, lorsque des corps se combinent, se décomposent ou subissent une transformation chimique quelconque, la masse de matière ayant pris part aux processus est la même à la fin qu'au début de l'opération. *(Rem. 2)*. Un corps brûle rapidement en dégageant de la chaleur ou de la lumière ou bien il se consume lentement comme le fer qui se rouille ; eh bien, ce corps n'a pas perdu de la matière ainsi qu'on le croyait autrefois. Bien au contraire — la balance le montre — sa masse a augmenté ; en examinant le fait de plus près, on trouve que cette augmentation est due à l'oxygène de l'air ambiant et que l'air a perdu l'oxygène que le corps a fixé en e consumant. Tous les examens faits pendant le iècle dernier ont montré qu'aucun phénomène, imple ou complexe, ne produit ou ne détruit de la matière. Des recherches toutes récentes semblent prouver, grâce à des méthodes extrêmement délicates, que certaines réactions chimiques sont liées à des changements de poids. Ces changements sont très faibles, évidemment; ils n'ont été constatés que dans quelques corps et ils n'infirment pas la loi de la constance de la masse *(Rem. 3)*.

La loi de la conservation de la matière est certainement devenue la pierre angulaire de la chimie scientifique; Lavoisier, en introduisant dans cette science l'emploi de la balance, en a jeté les fondements et lui a permis de s'élever au rang des sciences exactes.

La conservation de la matière est donc le principe fondamental de la chimie. A côté de cette base, plaçons-en une autre. La conservation de la matière est le fil conducteur du chimiste; ce fil le guide; il le conduit dans les sentiers que son pied n'a pas encore foulés; il permet au chimiste de contrôler ses expériences. Les divers composants doivent reconstituer le tout. « L'analyse doit concorder ». Si tel n'est pas le cas, il faut penser tout d'abord à une erreur de calcul ou à une faute expérimentale; sinon, il faudra conclure que l'on est sur les traces de quelque mystère, qu'une substance encore inconnue a joué un rôle dans le processus.

Nous avons un exemple brillant de ce qui précède

dans l'analyse de l'air atmosphérique. La composition de ce mélange de gaz devait, il semble, être connue à fond depuis longtemps et, cependant, ce n'est que ces dernières années que des savants anglais, lord Rayleigh et sir W. Ramsay, ont prouvé, à la suite de recherches très minutieuses, que l'analyse de l'air ne concordait pas. Ils en conclurent à l'existence, dans l'air, d'un corps jusque-là inconnu; cette conclusion a été plus que vérifiée; petit à petit, en effet, cinq éléments ont été trouvés (1); leur quantité, n'est relativement pas grande, mais, au point de vue absolu, ils sont assez répandus dans l'atmosphère puisque, à l'heure qu'il est, on peut s'en procurer de pleins flacons. *(Rem. 4.)*

Pourtant, malgré ce triomphe de notre loi, rappelons-nous le proverbe qui fait de la modération et de la prudence les signes de la sagesse; n'attribuons pas à cette loi une portée plus étendue que sa portée actuelle. Tenons-nous à elle aussi longtemps que possible et si nous rencontrons des faits contradictoires, nous rendrons les armes en disant : « Ce sont ici les limites de l'investigation scientifique ».

Le récit biblique de la création, s'est déjà présenté

(1) Ces considérations théoriques ont permis de dépister quatre éléments nouveaux, le krypton, le xénon, le néon, l'hélium. L'atmosphère renferme un centième d'argon. Il en existe donc des milliers de milliards de tonnes. Les considérations théoriques qui l'ont fait découvrir sont exposées dans la remarque 4. *(Note du traducteur.)*

à l'esprit du lecteur. Ici, le naturaliste se montre réservé. Les miracles producteurs ou destructeurs de matière sont un arrêt des lois naturelles; ils n'ont rien de commun avec la connaissance scientifique. Le domaine de la science est limité au connaissable et rien ne nous empêche d'y marcher d'accord sous le même drapeau. Ce drapeau symbolise la loi de la conservation de la matière.

III

LE TRAVAIL

La conservation de la matière est-elle le guide unique du physicien et du naturaliste ? Après ce que nous avons dit, cette question revient à celle-ci : La chimie est-elle la seule science physique ou naturelle ? Tout d'abord le lecteur répondra par la négative. La physique et l'astronomie, la minéralogie et la géologie, la botanique et la zoologie, la géographie et l'anthropologie, jusques et y compris la médecine, ne sont-elles pas des sciences naturelles ? Ce n'est pas ainsi qu'il faut comprendre la chose. L'astronomie est la mécanique et la physique des corps célestes. Toute la partie véritablement scientifique et exacte des sciences naturelles descriptives, tout ce qui, dans ces sciences, n'est pas description simple relève de la physique et de la chimie. Il en est évidemment de même pour les minéraux qui sont des combinaisons chimiques ou des mélanges. Leurs formes cristallines sont soumises à des lois physiques. Il en est de même encore, avec une restriction, des animaux et des plantes. En effet, dans l'état actuel de nos connaissances, un troisième facteur intervient ici ; il comprend les divers principes vitaux, à savoir la force vitale, le développement, la sélection, l'hérédité, l'adaptation, etc. A l'heure qu'il est, il n'est pas possible de dire si ces notions relèvent en fin de compte de la physique et de la chimie. En tout cas ces phénomènes ne sauraient être étudiés avec une exactitude mathématique. Ce que les sciences naturelles proprement dites comportent d'exact ne peut dépendre que de la physique et de la chimie. D'emblée nous pourrons donc répondre comme suit à la question posée au début de ces considérations :

La chimie a une science sœur, la physique. Voyons s'il existe un principe fondamental servant de fil conducteur à cette science. Ce principe doit guider le physicien dans des sentiers souvent capricieux, exactement comme la conservation de la matière dirige le chimiste. *(Rem. 5.)*

Qu'est-ce donc que la physique? Quelles sont ses rapports avec la chimie? On disait autrefois, et pour le moment nous nous en tiendrons à cette définition : « La physique est la science des *forces* de la matière et la chimie est la science des *matières* de la nature ». *Force* et *matière*, voilà les deux principes distincts ; ce dualisme est aussi vieux que la pensée humaine. Ce dualisme, les esprits éclairés de tous les temps ont cherché à le résoudre et à le condenser en un monisme. Il ne nous appartient pas de dire ici jusqu'à quel point ils ont réussi. *(Rem. 6.)*

Il existe, dans la nature, de l'or et de l'argent, de l'eau et de l'air, de la chlorophylle et de l'albumine; de même il existe des forces motrices, compressives, thermiques, lumineuses, électriques, magnétiques. Tout phénomène chimique comporte des changements matériels; de même, tout phénomène physique comporte la mise en jeu de forces. Toutefois il ne s'agit pas uniquement de matières dans le premier cas, uniquement de forces dans le second. Ces forces entrent en jeu tant dans les phénomènes chimiques que physiques; ils sont liés à l'ensemble de la matière; mais, et ceci est intéressant, ce sont, ici des phénomènes dynamiques, là des phénomènes matériels. *(Rem. 7.)*

Ce principe fondamental de la physique, le lecteur l'a déjà sur les lèvres, c'est la *conservation de la force*. Oui, à la condition de conserver un mot employé depuis plus d'un siècle. Mais, soyons précis : nous appellerons *force* ce que nous considérons comme la cause d'un phénomène observé dans la nature. La force n'a rien d'objectif; elle ne possède en effet que les caractères que nous lui attribuons subjectivement au moment où elle se manifeste. De cela il ressort clairement que, dans ce sens abstrait, il n'est pas attribué à la force des qualités fondamentales. Existe-t-il en physique un principe de conservation? Existe-t-il quelque chose de constant et d'immuable dans l'infinie variété des phénomènes naturels? Si pareille chose existe, elle ne peut pas être abstraite comme la force; elle doit au contraire être réelle, au même titre que la matière alors même que nous ne pouvons ni la palper ni la voir.

Existe-t-il quelque chose d'aussi réel que la matière ? Comment reconnaître la réalité de ce quelque chose? Je propose un caractère quelque peu grossier et trivial, mais dont nul ne contestera la valeur. Ce caractère est tiré de la vie journalière, de la réalité la plus banale. Chacun connaît son importance pour l'avoir lui-même éprouvée. Bref : Existe-t-il à côté de la matière quelque chose qu'il faut payer à prix d'argent? La réponse, par le temps qui court, ne se fera pas attendre :

Le travail coûte de l'argent ; dans certains cas il coûte même plus cher que la matière travaillée; un bon microscope, par exemple, peut coûter jusqu'à mille francs ; or, les matériaux qui le composent sont loin de valoir cent francs ; tout le reste paie le travail. Nous ne ferons pas ici la distinction que font les économistes entre le risque à courir et le travail intellectuel, le travail physique, la spéculation, le travail de l'homme et le travail des machines ; nous engloberons tout cela dans la notion de travail.

Nous devons payer la matière et le travail. Le travail est donc aussi réel que la matière.

Nous avons parlé d'argent. Essayons encore, en partant de cette idée, de bien nous représenter ce que c'est que le travail. Engageons un ouvrier et chargeons-le de porter un nombre donné de briques à une hauteur donnée. Ce travail peut être payé de deux manières bien différentes :

1° Nous pouvons payer l'ouvrier d'après le temps qu'il a mis à faire le travail, c'est-à-dire à l'heure, quel que soit du reste le travail accompli en une heure. Cette méthode a des désavantages ; un ouvrier peu consciencieux travaillera paresseusement parce qu'il est certain d'être payé ; d'autre part un ouvrier assidu travaillera avec zèle et ne sera pas rétribué comme il le mérite. De plus, le travail n'est pas proportionnel au temps ; il diminue à mesure que la fatigue s'installe ; il est prouvé que, dans bien des cas, un travail accompli en une journée de dix heures peut être fait en neuf heures.

2° C'est pour ces raisons que le second mode est de beaucoup préférable : c'est le travail à la tâche ou aux pièces qui est payé proportionnellement au travail réel. Dans beaucoup de cas, il est vrai, le travail ne peut pas être évalué en chiffres. Tel, celui du contremaître qui dirige une partie de la fabrication, surveille les hommes, etc.

Choisissons un exemple dans un autre domaine. Il n'est guère possible de dire à un maître de musique : Je vous donne cinq mille francs si, par vos leçons, mon fils devient un Joachim. Dans ce cas, je suis obligé de payer par heures et de me consoler en pensant que la pratique qui perfectionne tout arrivera un jour à mesurer ce travail. L'artisan habile recevra par heure un gage plus grand qu'un artisan maladroit et le bon maître recevra des honoraires plus élevés que le maître incapable.

Dans les sciences, le travail seul est mesuré par sa valeur actuelle Quand il s'agit de vaincre la gravitation universelle, le travail est le produit du poids soulevé et de la hauteur à laquelle ce poids a été soulevé. D'une manière plus générale, ce travail est le produit de la force par la distance parcourue. Si au lieu d'une seule brique l'ouvrier en soulève dix à la fois, il déploie dix fois plus de force et fait un travail décuple; ce travail est dix fois plus grand aussi quand il n'élève qu'une seule brique à dix mètres de hauteur; en élevant dix briques à dix mètres de haut, il fait un travail cent fois plus grand.

Le travail revient donc à élever une charge à un niveau supérieur à celui qu'elle occupait; cette expression peut être prise littéralement ou au figuré; elle est littérale pour le constructeur et figurée pour le professeur chargé d'élever le niveau intellectuel de de ses élèves. Il y a là une analogie manifeste entre un fait purement physique et un fait purement intellectuel. (*Rem. 8.*)

IV

LES RÉSERVES DE TRAVAIL — L'ÉNERGIE ET SES FORMES DIVERSES — MESURE DU TRAVAIL

Revenons à la distinction qu'il faut établir entre la matière et le travail. Toute matière utilisée provient de la réserve matérielle de l'univers ; le sucre qu'achète la ménagère provient de la provision de l'épicier ; la houille mise au jour par les compagnies minières provient des réserves de la terre. De même encore, le travail accompli provient des réserves de travail de l'univers,

Ces *réserves de travail* ont reçu un nom spécial. Ce nom est tiré du grec, en raison du caractère classique et international de la science contemporaine ; il est aussi pratique que significatif. Ce mot était, autrefois déjà, employé dans un sens bien défini. Les réserves de travail de l'univers se nomment *énergie;* les réserves de travail contenues dans un corps, c'est-à-dire dans une partie de l'univers, sont l'énergie de ce corps *(Rem. 9.)*

Partout où nous portons nos regards, nous voyons de la matière ; partout où il y a de la matière il y a de l'énergie. Ici cette énergie est au repos ; là, elle est en mouvement, elle change de place ; ailleurs encore elle se transforme. Or, de même que la chimie est la science des transformations de la matière, de même la physique est la science des transformations de l'énergie. *(Rem. 10.)*

Il ne faut pas prendre trop au figuré l'expression : « l'énergie se trouve dans un corps ». Au contraire, il faut la prendre au pied de la lettre. Un boulet de canon projeté au loin n'est pas formé uniquement de quelques kilogrammes de métal ; il renferme en plus une forte quantité d'énergie ; cette énergie existe aussi réellement que le métal. Il en est de même d'un ressort d'horloge remonté ou d'un dépôt de dynamite. La matière n'est pas plus réelle que l'énergie ; toutes deux sont reconnaissables à leurs seuls effets. La matière agit, par exemple, sur les organes tactiles en s'opposant au mouvement du doigt qui va tâtonnant (de là le mot objet). Elle impressionne aussi les organes visuels en produisant la sensation de forme et de couleur ; de son côté, l'énergie a des effets spécifiques non moins éclatants que ceux de la matière ; les exemples du boulet de canon et de la dynamite sont là pour le prouver. L'énergie est donc quelque chose de réel et de ma-

niable. Nous pouvons l'acheter et la vendre, en user et en mésuser *(Rem. 11)*; comme la matière, elle présente des formes diverses. Citons l'énergie mécanique, sonore, thermique, lumineuse, magnétique, électrique, chimique, vitale; enfin, puisqu'elle est réelle, nous pouvons la mesurer tout comme la matière.

Nous arrivons à un point important et difficile. Comment mesurer l'énergie et le travail qui en découle? La réponse à cette question rend le physicien jaloux du chimiste. Un seul et même instrument, la balance, mesure la matière, quelle que soit sa forme et il nous semble tout naturel de peser de l'or, de l'acide sulfurique, des céréales, des livres. Tel n'est pas le cas de l'énergie, malheureusement. La balance capable de la mesurer sous toutes ses formes n'existe pas et il n'est guère probable qu'elle existe jamais. En principe, cela n'est toutefois pas impossible, parce que toutes les formes de l'énergie ont une origine commune; mais, en pratique, l'invention de cet instrument est très peu probable. Nous employons en conséquence des instruments spéciaux pour chacune des formes de l'énergie. Le dynamomètre mesure l'énergie mécanique; le calorimètre mesure la chaleur; les compteurs d'électricité sont connus même de nos ménagères.

Dans ces conditions, il est consolant d'avoir au moins des unités de mesure communes à toutes les formes de l'énergie; ces unités communes sont à l'énergie ce que le gramme est à la matière.

Ce que nous avons dit du travail et de la manière de le mesurer montre clairement quelle doit être l'unité de mesure pour le travail et l'énergie.

Cette unité, pour nous en tenir à l'exemple de la charge soulevée, comprendra l'unité de masse et l'unité de longueur; en pratique, ces unités sont le kilogramme et le mètre. L'unité pratique de travail sera donc le kilogrammètre, c'est-à-dire le travail nécessaire pour élever un poids d'un kilogramme à un mètre de hauteur. Dans les sciences, on emploie une autre unité, *l'erg*, qui évalue approximativement le travail nécessaire pour élever d'un centimètre un poids d'un milligramme. Un erg est de 2 o/o supérieur au travail ainsi effectué *(Rem. 12)*.

Comme on le voit, c'est un travail bien minime; en technique, on emploie donc ses multiples, le kilo-erg (mille ergs), le mégaerg (un million d'ergs) et le joule (dix millions d'ergs). Le prix de l'erg montre combien le travail qu'il représente est peu de chose; les usines électriques comptent ordinairement en kilowatt-heures. Or, cette unité représente trente-six trillions d'ergs et un kilowatt-heure coûte en moyenne quarante centimes; il en résulte que le travail d'un erg ne peut être payé qu'en trillionièmes de centime *(Rem. 13)*.

Il ne faudrait pas croire cependant que l'erg est inférieur à toutes les grandeurs agissant dans la nature et dans la vie de l'homme. Il ne faut pas s'imaginer que cette unité ne représente rien et qu'il aurait mieux valu ne pas l'inventer. Un exemple tiré de l'acoustique le prouvera :

On a mesuré dernièrement le travail exercé sur le tympan par un son à peine perceptible. Ce travail est d'un millième d'erg. Cela prouve une fois de plus qu'il existe dans la nature des processus infimes et pourtant saisissables.

V

ÉNERGIE ACTUELLE — ÉNERGIE POTENTIELLE

Reportons-nous pour un instant au XVIIIe siècle, alors que les grands penseurs étaient presque tous et philosophes et mathématiciens et naturalistes. Dans ce siècle, grâce aux travaux de Leibniz et d'Huygens, des frères Bernoulli et de Lagrange, un principe fut trouvé petit à petit dont la valeur fut relativement peu appréciée. Ce principe renfermait le germe d'un beau fruit qu'il était réservé au XIXe siècle de cueillir.

Ce principe s'applique à deux notions. A cette époque la première s'appelait *force vive*, la seconde, *force latente*; actuellement ces termes ont été remplacés par ceux *d'énergie active* (énergie actuelle ou cinétique) et *d'énergie de tension* (énergie potentielle). La force vive est l'apanage des corps en mouvement. Elle augmente : 1° avec la masse du corps; 2° avec la vitesse et cela de façon telle qu'une masse double comporte une force vive double, qu'une vitesse double comporte une force vive quadruple, une vitesse triple, une force vive neuf fois plus grande et ainsi de suite. Un exemple nous est fourni par le boulet de canon déjà cité. Sa force vive ou son énergie actuelle (énergie cinétique) augmente avec sa masse et avec le carré de la vitesse; il en résulte qu'on peut obtenir le même effet destructeur avec un boulet quatre fois moins lourd, en ne lui imprimant qu'une vitesse double *(Rem. 14)*.

Un corps au repos, par contre, peut posséder une tension ou une *énergie potentielle*, même lorsqu'il ne possède que la faculté de produire un mouvement dès que l'occasion lui en sera offerte. Un ressort de montre remonté possède de la tension. Une balle suspendue au plafond par un fil se trouve dans un état qui peut être défini en disant que la balle aimerait bien tomber, mais qu'elle ne le peut pas. Coupons le fil et la balle tombera; alors son énergie potentielle se transforme graduellement en énergie active, exactement comme cela se produit en vingt-quatre heures dans le ressort d'une montre remontée. L'énergie potentielle de la balle qui tombe diminue graduellement et sa vitesse va en augmentant *(Rem. 15)*.

Dans ces cas, en mesurant à chaque instant la tension et la force vive, on constate que toutes deux varient continuellement, mais que leur somme reste toujours la même. C'est là le principe de la *force vive*, de la constance de la force vive et de la tension. Depuis un siècle ce principe constitue l'une des bases les plus solides des sciences physiques et naturelles. Actuellement, il est appelé *principe de la conservation de l'énergie mécanique.*

La mécanique est la science des mouvements; notre principe en est la pierre angulaire; il s'applique à la mécanique théorique et à la mécanique pratique avec ses diverses branches. Pas plus que la matière l'énergie mécanique ne peut naître de rien ; toutes les machines construites par l'homme ont pour but de diriger l'énergie mécanique dans des voies commodes; dans chaque cas, elles adaptent cette énergie aux circonstances. La machine ne produit pas une somme d'énergie supérieure à celle qu'elle contient. Quel que soit le développement que prendront la mécanique et la technique, elles seront toujours limitées par le principe de la conservation de l'énergie mécanique *(Rem. 16).*

VI

LES TRANSFORMATIONS DE L'ÉNERGIE — ÉQUIVALENT MÉCANIQUE DE LA CHALEUR

Notre ascension n'est pas terminée. L'image que nous avons tracée de l'énergie est juste, mais incomplète. Revenons-en donc à l'exemple du fil coupé et de la chute de la balle. En tombant, cette balle perd peu à peu son potentiel, et, ce faisant, elle gagne de la force vive. En atteignant le sol elle a transformé toute sa tension en force vive. Mais, à ce moment, dans quelles conditions se trouve-t-elle? L'énergie potentielle n'existe plus; l'énergie active, elle aussi, a disparu puisque la boule est maintenant immobile. D'un seul coup son énergie a été comme détruite. *Le corps n'a plus d'énergie.* Celle-ci a été détruite et le principe de la conservation de l'énergie ressemble fort à une dérision. En fait, dans ce cas, il est faux; il est faux aussi dans un grand nombre de cas semblables parce qu'en réalité de l'énergie mécanique s'est perdue. Mais la nature est assurée contre ces pertes de même que l'homme est assuré contre l'incendie, avec cette différence que la nature s'est assurée auprès d'elle-même parce qu'elle ne pouvait pas faire autrement. La nature est donc indemnisée ; une observation quelque peu exacte nous fera constater facilement l'existence de cette indemnité dont le caractère peut être très varié. La balle en frappant le sol peut le comprimer, le mettre en état de tension ; il contient alors lui-même de l'énergie potentielle ; selon les circonstances cette énergie se manifestera par des vibrations sonores. Il se peut aussi — et nous nous en tiendrons à ce fait — que, par le choc, le sol s'échauffe.

Reprenons les idées qui avaient cours il y a environ un siècle. En cent ans, elles varient beaucoup dans un domaine qui va sans cesse en progressant ; ce laps de temps suffit pour répandre des notions qui, primitivement, étaient celles des seuls esprits privilégiés. Un jeune garçon met une chrysalide sous un verre ; un beau jour, il accourt vers son père et lui dit : « Deux miracles se sont produits aujourd'hui. D'abord la chrysalide a disparu ; ensuite il y a là un magnifique papillon ». Le père sourit et répond : « Il n'y a là ni deux miracles ni même un seul, mais la chrysalide s'est *transformée* en papillon ».

Or, il y a cent ans, la chaleur était considérée comme un corps [illegible] lorsque sous le choc de la balle, le sol dégageait de la chaleur, on se trouvait en présence d'un double miracle : de l'énergie mécanique — du travail — s'était perdue et la chaleur était née de rien. On expliquait ce fait de bien des manières. Actuellement, nous disons comme le père à son enfant : « C'est bien simple. La chaleur n'est pas un corps ; elle est une forme de l'énergie ; l'énergie mécanique s'est transformée en énergie thermique ; *le travail s'est transformé en chaleur.*

Quiconque a voyagé dans le Karst ou dans des formations calcaires analogues a pu voir deux phénomènes naturels des plus remarquables : un fleuve déjà important disparaît sous terre pour reparaître plus loin non pas sous forme de source mais avec tous les caractères d'un fleuve puissant (1). Ce n'est que depuis peu que les géographes admettent que le second fleuve n'est pas autre chose que le premier ; dans plusieurs cas l'expérimentation a montré que cette idée est juste.

Ces comparaisons nous montrent que le jugement porté sur un objet connu n'équivaut pas à celui porté sur un objet encore à connaître. Quand on sait que la chenille, la chrysalide et le papillon sont des formes différentes du même être, l'idée d'une métamorphose nous vient à l'esprit ; quand on ne sait pas, il faut un certain courage pour affirmer leur unité malgré la différence de leurs aspects. Pour celui qui ignore

(1) Autrefois la *perte du Rhône* était un bel exemple de ce phénomène. Actuellement la dynamite a eu raison du plafond du fleuve et l'eau coule à ciel ouvert. *(Note du traducteur.)*

leurs connexions, le mouvement et la chaleur paraissent bien distincts; pour les réunir en un tout, il faut un courage scientifique aussi remarquable que la perspicacité de l'investigateur.

Ce courage, il est vrai, devient de la légèreté quand il est désarmé. Celui qui déclarerait que le hareng se transforme en brochet se rendrait ridicule. Par contre dans ces derniers temps, un savant italien, Grassi, s'est rendu célèbre en prouvant qu'un poisson de mer connu depuis longtemps (1) est la forme jeune de l'anguille, alors même qu'il ne ressemble nullement à l'individu adulte.

Quiconque prétend que la chaleur est de même nature que l'énergie mécanique doit prouver son dire; il doit démontrer que le travail se transforme en chaleur et qu'une quantité donnée de travail produit toujours la même quantité de chaleur. En pratique, le travail est mesuré en kilogrammètres; dans les sciences, on le mesure en ergs; il existe aussi une unité de mesure de la chaleur; c'est la *calorie* ou quantité de chaleur nécessaire pour élever de 0° à 1° C. la température d'un kilogramme d'eau liquide. Cette unité est la *grande calorie;* elle est employée dans la pratique. Dans les sciences, la quantité d'eau liquide n'est que d'un gramme et la quantité de chaleur nécessaire pour élever sa température d'un degré est la *petite calorie.*

(1) Le leptocéphale brévirostre.

Il faut donc prouver que *le nombre de kilogrammètres (ou d'ergs) nécessaires pour produire une calorie est toujours le même*, quel que soit le mode de transformation : choc, frottement, compression, courant électrique, etc. Cette preuve a été fournie dans des cas innombrables pendant la seconde moitié du siècle dernier. Il est établi que, pour élever d'un degré la température d'un kilogramme d'eau, il faut un travail équivalent à 428 kilogrammètres, c'est-à-dire le travail nécessaire pour élever une charge de 428 kilogrammes à 1 mètre de hauteur. C'est là un nombre remarquable. 428 kilogrammètres équivalent donc à une grande calorie ; 42 millions d'ergs équivalent à la petite calorie ou calorie scientifique. *C'est l'équivalent mécanique de la chaleur*. c'est-à-dire *l'équivalent* de travail ou *équivalent thermique*. Un des grands mystères de la nature est renfermé dans un chiffre. Ce mystère, l'homme l'a dévoilé petit à petit. Ce nombre est un de ceux que l'on appelle à juste titre les constantes de l'univers (*Rem. 17.*)

VII

LES PHÉNOMÈNES NATURELS SONT DES TRANSFORMATIONS DE L'ÉNERGIE

La voie était frayée. La chaleur et le mouvement sont donc des formes d'une même puissance, l'énergie. Alors l'hésitation fut vaincue ; cette idée nouvelle fut appliquée jusque dans ses conséquences ultimes et l'on en arriva à cette conclusion : tous les agents qui président aux divers phénomènes naturels, le mouvement, la chaleur, la lumière, le son, l'électricité et le magnétisme, l'affinité chimique et la formation des cristaux, sont des formes diverses et bien définies de l'énergie et ces formes ont entre elles des rapports constants. L'énergie doit donc être considérée comme l'unique dominatrice de la nature ; tous les phénomènes naturels seraient des *modifications, des déplacements de l'énergie* c'est-à-dire des *transformations* de la tension en mouvement, du mouvement en électricité, de l'électricité en chaleur, de la chaleur en lumière, par exemple.

Autrefois déjà, les sciences physiques avaient un grand mot pour désigner les corrélations des diverses forces admises alors : on parlait de la *parenté* des forces naturelles. Mais, entre ce mot et l'idée nouvelle, il existe une différence aussi grande que celle qui distingue l'obscurité inhérente aux vagues spéculations de la claire lumière des sciences exactes. La parenté des forces naturelles était une monnaie mal frappée; elle ouvrait la porte à deux battants à tous les falsificateurs. Toute analogie extérieure, tout semblant de corrélation pouvaient être présentés comme une parenté. La pensée nouvelle n'autorise pas chose pareille; ses exigences sont tout autres; dans chaque cas, elle exige la démonstration de l'équivalence, c'est-à-dire la preuve qu'un nombre donné d'ergs produit toujours la même quantité d'énergie électrique et réciproquement, le produit de l'intensité du courant et de sa tension correspondant ici au produit de la force et de la distance parcourue. Cette équivalence étant prouvée pour toutes les formes de l'énergie mécanique, il devient possible de les réduire réciproquement, de les exprimer au moyen d'une seule unité, l'erg, par exemple. Ici encore, il faut se soumettre à la même loi ; toutefois, celle-ci sera prise dans un sens plus large que celui de la loi limitée de la conservation de l'énergie mécanique. Cette loi, nous le savons, ne s'applique pas aux phénomènes accompagnés de processus thermiques, électriques, etc. Mais, pour obvier à cet inconvénient, nous avons la loi de la *conservation de l'énergie* dont la portée et la valeur sont très grandes.

Dès le milieu du siècle dernier, des travaux théoriques et expérimentaux ont démontré la vérité absolue de cette loi. La totalité de l'énergie universelle est invariable ; elle peut être exprimée en ergs ; dans tout système partiel, la quantité d'énergie est aussi invariable, mais à la condition que ce système soit fermé c'est-à-dire qu'il ne fasse pas d'échange avec le reste de l'univers. En ce qui concerne la matière, nous avons fait une restriction semblable. Un système est rarement fermé d'une manière absolue ; sa fermeture n'est le plus souvent que relative ; un système clos serait énergétiquement complet. Une glacière, par exemple, réalise, très imparfaitement du reste, un système clos d'énergie thermique. La boussole remplit une tâche semblable sur le navire. Un système incomplet peut être complété par son addition à des systèmes avec lesquels il échange de l'énergie ; considéré isolément ce système peut perdre de l'énergie ; complété, il retrouvera ce qu'il a perdu ; en conséquence, dans ce système complet, l'énergie est constante.

Insistons encore sur le fait que seule la somme totale de l'énergie est constante.

Mais la somme totale de l'énergie thermique, la somme de l'énergie électrique ne sont pas constantes.

Il en est de même dans l'exemple cité plus haut du nombre total des chenilles, des chrysalides et des papillons. Ce nombre est constant alors que chacun des trois termes peut varier. Ici le principe de la conservation de l'énergie est le fil conducteur du physicien. Il l'empêche de se fourvoyer et lui permet de suivre des sentiers nouveaux. La somme de l'énergie — celle-ci doit être mesurée sous toutes ses formes au moyen d'une même unité de mesure — reste la même, tant dans la nature que dans les laboratoires et dans les fabriques *(Rem. 18.)*

Si l'analyse ne concorde pas (cette analyse est le pendant de l'analyse matérielle du chimiste) il faut admettre qu'une faute a été commise ou qu'il existe une inconnue dans le phénomène.

Nous sommes redevables à ce principe d'un grand progrès : il a fait table rase de toutes les idées fantastiques ; il les empêche tout au moins de se manifester dans la science dont elles ne sauraient se réclamer. En chimie nous avons constaté un fait analogue. Il en est de même du *mouvement perpétuel.* Quiconque cherche encore ce mythe montre qu'il n'a aucune notion de physique. De même ceux qui cherchent la quadrature du cercle prouvent qu'ils ne comprennent rien aux mathématiques.

Pourtant ne méprisons pas le mouvement perpétuel : les espérances fondées sur lui pendant des siècles, espérances toujours déçues, ont amené les esprits au principe de la conservation de l'énergie ou tout au moins à la meilleure partie de ce principe, à la constatation que l'énergie ne peut pas naître de rien. Le mouvement perpétuel serait celui d'une machine en mouvement et produisant un travail indéfini sans rien recevoir de l'extérieur. Le travail produit proviendrait donc uniquement de la machine même. Semblable machine créerait de l'énergie. Toutes les tentatives faites pour réaliser ce mécanisme ont montré, en échouant, que l'énergie ne peut pas être créée. Ici donc il s'agissait d'une question de principe et non pas d'artifices de mécanique. La seconde partie du principe fut découverte plus tard; elle a trait à l'indestructibilité de l'énergie.

Citons quelques noms en suivant l'ordre chronologique. En tête se trouve un homme d'apparences très simples mais dont l'intelligence était lumineuse; il a posé le principe et l'a fait admettre plus qu'il ne l'a rigoureusement prouvé. Tel Socrate dont la valeur n'est pas diminuée parce qu'il n'a donné que des affirmations et des postulats. Cet homme posa clairement et pour la première fois le principe suivant: Toutes les forces physiques (nous dirions actuellement toutes les énergies) ont entre elles des rapports généraux d'équivalence. Si cela n'était pas, ces forces produiraient un chaos et non pas le tout admirable et coordonné que nous connaissons. Cet homme avait surtout en vue l'équivalence mathématique existant entre le travail mécanique et l'énergie thermique. Ses instruments étaient insuffisants; sa démonstration ne fut donc pas absolue ; cet homme est le médecin *Robert Mayer* d'Heilbronn ; longtemps il fut méconnu ; ce n'est que tardivement qu'on lui rendit justice ; intrus dans la corporation des savants, il était le favori du génie. Son ouvrage fondamental paru en 1842 ne serait sans doute pas accepté aujourd'hui comme thèse de doctorat ; l'injustice, du reste, ne serait pas trop grande. Mayer fut éconduit par son éditeur, cela pour des raisons opposées à celles qui, dans notre supposition, guideraient la Faculté. Et pourtant sans l'ouvrage de Mayer, les travaux subséquents n'auraient pas vu le jour. Ces travaux sont ceux de *Joule*, physicien et technicien anglais ; ils complètent admirablement ceux de Mayer et donnent ce que ce dernier a omis. Leur ensemble forme un tout magnifique. Ces deux hommes ne sont donc pas des rivaux; bien au contraire, ils s'allient et se complètent mutuellement. Le chauvinisme a longtemps méconnu ce fait. Joule passa presque toute sa vie à faire, en petit et en grand, les expériences les plus diverses pour prouver l'équivalence du travail et de la chaleur et pour fixer le chiffre exprimant ce rapport. Enfin, en 1847, *Helmholtz* fit paraître son maître ouvrage sur la *conservation de la force*. Le principe de l'équivalence y est prouvé d'une manière rigoureuse et scientifique ; cette démonstration s'étend à toutes les formes de l'énergie et à ses conséquences tant générales que spéciales.

VIII

LE CHANGEMENT EST LE CARACTÈRE COMMUN A TOUS LES PHÉNOMÈNES NATURELS

L'histoire de beaucoup de découvertes et d'inventions présente une particularité si constante, qu'on est presque tenté d'y voir comme une loi. La découverte est faite, mais elle rencontre des esprits moins élevés que l'esprit de l'inventeur. Elle n'est donc pas comprise et souvent une génération tout entière passera avant qu'elle soit appréciée à sa juste valeur. La réaction se fait ensuite ; alors l'importance de l'invention est exagérée. Enfin — et souvent ce n'est pas chose facile — l'invention est limitée dans de justes frontières et sa portée exacte est fixée. Il y a là comme un mouvement pendulaire facile à constater dans beaucoup de phénomènes physiques et intellectuels. Ce mouvement précède l'équilibre.

Il a fallu de même beaucoup de temps au principe

de l'énergie pour acquérir sa valeur complète ; dans la suite, son importance a été exagérée puisqu'on s'imagina qu'il allait combler toutes les lacunes de la science, qu'il était la base de tous les phénomènes universels.

Avant de poursuivre mon sujet principal, je vais faire une courte digression. Une objection s'élève : Il ne saurait être question ici d'une loi fondamentale, puisque nous en connaissons déjà deux, à savoir la conservation de la matière et la conservation de l'énergie. Cette remarque est juste, mais, somme toute, ces deux lois n'ont qu'une seule et même teneur ; elles peuvent être fusionnées en une seule loi, celle de la *conservation*. Il est même possible de faire un pas de plus et de considérer la matière comme une forme de l'énergie, comme un phénomène, un symbole produit en nous par l'intermédiaire de nos sens. Ces phénomènes, remarquablement constants sont dus à l'énergie et nous avons conscience de leur existence par la « perception externe ». (Forel, *Gehirn und Seele*, 8e édit., Bonn 1902, p. 10). Nous ne développerons pas davantage cette idée ; elle se heurte à des difficultés ; nous nous contenterons de considérer le principe de la conservation comme une loi fondamentale s'appliquant à la matière et à l'énergie. *(Rem. 19.)*

Revenons à notre sujet principal : La loi de la conservation est-elle véritablement la loi fondamentale de tous les phénomènes naturels ? Posons la question d'une manière plus précise et nous verrons, non sans étonnement qu'on en a pris à son aise à l'égard du principe de la conservation.

Qu'est-ce qu'un processus naturel? Existe-t-il un caractère commun à tous les phénomènes universels? Oui, et ce quelque chose est évidemment le *changement.* Ce qui peut changer est extraordinairement varié : c'est le lieu dans l'espace, la vitesse et la direction, la forme et la couleur, les cellules et les organes des êtres vivants ; le mouvement se transforme en chaleur, l'électricité en lumière ; la vie et la mort alternent sans cesse. Tous ces changements s'opèrent sans qu'il y ait variation de la quantité de matière et d'énergie ; ces changements *laissent intact le principe de la conservation.* Mais ces changements *sont-ils dus* à ce principe? Certainement non. Les exigences de ce principe sont en effet remplies par le fait *que rien ne se passe.* Je suis assis sur une chaise dans une chambre obscure pleine d'objets fragiles et j'ai pour tâche de ne rien casser. Je serais bien borné si je remplissais cette tâche autrement qu'en restant bien tranquillement assis sur ma chaise. Je pourrais, évidemment faire des mouvements très prudents, mais ce serait compliquer ma tâche inutilement.

Si donc tout se passait uniquement selon le principe de la conservation, aucune action ne serait nécessaire dans l'univers. Et c'est ainsi que ce principe se présente à nous sous son vrai jour. Malgré son immense portée, il a un caractère foncièrement négatif parce qu'il signifie que dans tous les changements qui se produisent dans la nature la quantité de matière et la quantité d'énergie restent les mêmes. *(Rem. 20.)*

A proprement parler, il est donc bien singulier de résoudre la question de la loi fondamentale régissant les changements qui se produisent dans la nature, en disant : la quantité de matière et d'énergie ne *change pas*. Cette réponse équivaudrait à répondre comme suit, si l'on m'interrogeait sur les changements subis par Robert Mayer au cours de son existence : « Il s'appelait toujours Robert Mayer ». Ou bien, pour prendre un caractère plus profond : « Il fut toujours un homme simple et religieux, même au moment où sa gloire était la plus grande ». Il est certainement intéressant de savoir qu'il était simple et religieux, mais cela ne nous renseigne pas sur les changements qu'il a subis.

Le principe de la conservation signifie simplement ceci : rien ne peut se produire contre son commandement. Il ne signifie pas que, sur son initiative, quelque chose puisse réellement avoir lieu. C'est une autorité de *surveillance;* mais elle n'a pas d'initiative. C'est un régulateur, non un producteur.

Ces antithèses nous amènent à une autre question : existe-t-il à côté du principe de conservation un principe de *transformation?* Ce principe définirait le *moment* auquel une chose se passe et *ce qui* se passe. Il sera bon de ne pas trop exiger de lui, parce qu'il doit embrasser l'infinie variété de tous les phénomènes qui se déroulent dans la nature; il faudra se contenter d'un caractère commun, par exemple de la tendance qui se manifeste dans tous les phénomènes. Si nous réussissons, nos résultats seront remarquables.

Dans ce but nous devrons :

1° Mettre en regard les conditions nécessaires pour que quelque chose se passe et pour que quelque chose ne se passe pas;

2° Dire, lorsque quelque chose se passe, pourquoi cette chose se passe plutôt qu'une autre. Au point de vue strictement logique, ces possibilités opposées existent certainement toujours. Un corps qui ne reste pas en place peut se mouvoir à droite ou à gauche; il peut devenir plus chaud ou plus froid; dans une solution saline, un cristal peut devenir plus petit en se dissolvant partiellement ou s'agrandir en tirant des matériaux de la solution ambiante; une maladie peut guérir ou mener au tombeau. Ce sont là des possibilités logiques; il est naturel qu'en réalité une seule des alternatives se produise; s'il en était autrement, l'ordre des choses avec sa signification précise cesserait d'exister. La grande question peut donc se poser comme suit : En réalité ceci se produit-il plutôt que cela ou, inversement, cela se produit-il plutôt que ceci ?

IX

LES PHÉNOMÈNES NATURELS TENDENT AU NIVELLEMENT

Il n'est pas difficile de reconnaître certaines tendances dans les phénomènes naturels. Commençons par le changement de lieu dans l'espace et considérons les mouvements que nous attribuons à la pesanteur, c'est-à-dire à la force d'attraction que l'on suppose exister à l'intérieur de la terre. Ces mouvements sont des *chutes* et le mot lui-même indique leur tendance. Tout tombe en bas, rien ne tombe en haut, dit le proverbe populaire. Les cours d'eau coulent vers la plaine en entraînant des parcelles solides qu'ils déposent à leur embouchure; les avalanches et les éboulements sont des chutes de matériaux. Ces matériaux passent donc à un niveau moins élevé que leur niveau primitif. Cette tendance ne saurait être mieux caractérisée que par le mot *égalisation*. Elle tend à égaliser les différences de niveau existant à la surface du globe; cette égalisation chemine lentement mais sans trêve aucune. Que de fleuves et de lacs ensablés! Que de ports, célèbres jadis, aujourd'hui comblés! Que de fermes florissantes, que de villages ensevelis par les éboulements! Dans le cours des siècles, les Alpes elles-mêmes seront, au dire des géologues, emportées à leur tour.

Une objection peut être faite à cette théorie du nivellement. Cette objection est juste; elle nous impose donc un examen de divers processus opposables. Bien des faits se produisent sans que pour cela les différences de niveau soient atténuées; bien au contraire, ces différences s'accentuent. Mentionnons d'abord le travail de l'homme; les édifices qu'il construit sont faits de matériaux qui ont été élevés à un niveau supérieur à celui qu'ils occupaient antérieurement. La nature agit souvent dans le même sens : rappelons, par exemple, les éruptions de lave. Une partie de l'eau des océans s'élève dans les airs sous forme de vapeurs. Il faut donc faire une distinction entre deux espèces de phénomènes opposés; les uns sont *spontanés*, les autres *forcés*.

Les premiers se produisent par leur propre force; les phénomènes forcés, par contre, sont dus à une force étrangère; dans le premier exemple, c'est l'homme qui produit la force; dans le second se manifeste la tension de l'intérieur de la terre; enfin, dans le troisième, la chaleur solaire entre en jeu. Tous les phénomènes spontanés conduisent fatalement à une égalisation de niveau. Les phénomènes forcés, au contraire, n'ont pas ce résultat; en revanche ils ont besoin d'un secours étranger. C'est là une complication qui nous empêche de primo abord de porter un jugement sur la tendance de ces processus.

Nous avons parlé jusqu'ici de mouvements et des nivellements consécutifs. Un fait analogue se produit dans tous les domaines. Les propriétés les plus importantes de la chaleur, par exemple, sont sa conduction et son rayonnement. Le soleil cède de la chaleur à la terre. De son côté le globe terrestre rayonne dans l'atmosphère l'excès de son calorique. Chauffons l'extrémité d'une barre métallique : la chaleur se propage de l'extrémité chaude à l'extrémité froide. Abandonnons ensuite la barre à elle-même, l'extrémité chaude se refroidit graduellement; l'extrémité froide, elle, s'échauffe petit à petit. Ici encore, il y a *nivellement de la chaleur*.

Généralisons maintenant ces notions et appliquons-les à l'égalisation des niveaux, des tensions, de la température; bien vite nous verrons qu'en fin de compte les processus forcés sont soumis, eux aussi, à l'égalisation. Dans une éruption volcanique, des masses sont soulevées à l'encontre de la loi du nivellement; mais, simultanément, il se produit à l'intérieur de la terre une égalisation de la tension, égalisation aussi importante peut-être que l'éruption. Et que se passe-t-il dans la barre métallique chauffée? Cet échauffement peut être réalisé par une flamme de gaz ; ce gaz en brûlant dégage les tensions qu'il contient. Il est donc évident que la tendance à l'égalisation se fait jour partout, directement ou indirectement, avec une puissance inflexible. Quand les circonstances ne permettent pas un nivellement ou lorsque celui-ci est déjà accompli, *il ne se passe rien* parce que l'équilibre est atteint. Dans le cas contraire *il se passe quelque chose* et cette tendance à l'action se traduit par un nivellement progressif.

La nomenclature actuelle nous permettra de mieux saisir les faits dont nous venons de parler. Représentons-nous un processus se déroulant uniformément et d'une manière continue. *Ce processus est constant, indéfini.* Représentons-nous d'autre part un processus allant en s'affaiblissant sans cesse et aboutissant à l'équilibre. *Pareil processus est fini, limité.*

La tendance au nivellement dont nous avons parlé signifie donc qu'il n'existe aucun processus constant; le mouvement de la terre autour du soleil et autour de son axe finira donc dans un avenir très éloigné, exactement comme s'arrêtent les mouvements pendulaires, les vibrations du diapason et les battements du cœur. Il y a longtemps que nous savons cela, me dira-t-on : le mouvement perpétuel n'existe pas ! C'est vrai, mais il s'agit ici d'un principe dont la portée est beaucoup plus grande. Nous ne parlons pas du fait que l'homme peut mourir de faim, Non, nous voulons dire que la vie humaine a une fin, même quand le corps est nourri normalement. Une machine n'est pas éternelle, quand bien même elle serait maniée avec les plus grands ménagements. Or ces faits ne sont nullement une conséquence du principe de la conservation. La vie de toutes choses est limitée : la lampe à incandescence, la machine à vapeur, la plante, l'animal sont éphémères. En serait-il autrement du monde considéré dans son ensemble?

Dans le sens ancien du mot le mouvement perpétuel est une chimère. C'est ce que nous avons reconnu. Au sens nouveau du mot le mouvement perpétuel est impossible et ceci nous amène à un second principe fondamental, *le principe de changement ou de nivellement.*

X

DISPERSION DE L'ÉNERGIE — INTENSITÉ ET « EXTENSITÉ ». RÉVERSIBILITÉ IMPARFAITE — USURE

Le caractère commun à tous les phénomènes naturels est très important; il mérite d'être examiné à tous les points de vue accessibles. Nous envisagerons donc ici une seconde puis une troisième manière de voir. Prenons un exemple très simple : Représentons-nous un grand bassin rempli d'eau froide et un verre de table contenant de l'eau très chaude. Jetons le contenu du verre dans le bassin. Qu'en résultera-t-il? L'eau froide du bassin sera un peu moins froide. Les températures initiales étant de + 5° dans le bassin et de + 95° dans le verre, le mélange des deux eaux aura par exemple une température de + 6°. La totalité de la chaleur n'a pas varié. Le bassin renferme un nombre d'ergs égal à la somme des ergs contenus primitivement dans le bassin et dans le verre.

Mais l'énergie contenue dans le verre était concentrée tandis qu'elle est maintenant dispersée. Le processus que nous venons de décrire est une *dispersion d'énergie*. Dans la nature, ces dispersions se produisent partout. Le mouvement, la chaleur, la lumière, l'électricité, le magnétisme, tout se disperse. Le frottement est un grand facteur de la dispersion de l'énergie motrice. Et puis un corps en mouvement entraîne avec lui les corps voisins; or cet entraînement est moins que désirable. Un vaisseau entraîne de l'eau, un train de l'air, à leurs dépens, naturellement. C'est là encore de la dispersion d'énergie. En chauffant un objet quelconque, nous chauffons simultanément, bon gré mal gré, une partie des corps environnants. En aimantant le noyau de fer d'une machine dynamo-électrique nous ne pouvons pas empêcher une partie de l'énergie magnétique de se perdre dans l'air. Les techniciens réussissent, il est vrai, à limiter ces pertes, mais ils ne les empêchent pas complètement.

Essayons de nous rendre compte de ce phénomène remarquable. Ceci nous amène au troisième terme de nos considérations. Qu'advient-il de l'énergie ainsi dispersée? Sa somme ne change pas, cela est certain, mais il n'est pas moins certain que quelque autre chose a changé. Prenons un exemple: le nombre 12 reste le même, qu'il soit le produit de 1 par 12, de 2 par 6 ou de 3 par 4. Le produit reste le même, les facteurs changent. Le caractère de ces facteurs reste le même, leur grandeur seule varie. Il en est tout autrement quand la grandeur des facteurs a son importance.

Un exemple tiré de la pathologie humaine nous le montrera : lorsque les deux poumons fonctionnent normalement, le nombre des mouvements respiratoires destinés à introduire de l'air dans l'organisme est de dix-huit à la minute. Supposons que l'un des poumons cesse de travailler parce que les voies aérifères qui y accèdent sont devenues imperméables à l'air : les mouvements respiratoires deviendront deux fois plus fréquents, permettant ainsi à la surface pulmonaire libre de fonctionner trente-six fois par minute et d'assurer l'oxygénation du sang. Mais cette action vicariante du nombre des mouvements respiratoires a ses limites. Ainsi, lorsque la moitié seulement d'un poumon fonctionne, l'accélération proportionnelle des mouvements respiratoires est incapable de maintenir l'oxygénation à son taux normal. Le facteur « surface pulmonaire active » a son importance; la grandeur de ce facteur ne peut pas être abaissée au-delà de certaines limites sans entraîner un déficit de l'aération de l'organisme.

Il en est de même dans l'expérience de l'eau chaude versée dans l'eau froide ; l'eau ne peut pas être refroidie au-delà d'une limite donnée sans que l'énergie qu'elle renferme cesse d'être réversible et utile. L'extension ne peut pas remplacer l'intensité.

Il en résulte que nous pourrions considérer l'énergie comme le produit de deux facteurs dont l'un, *l' « extensité »*, l'autre *l'intensité* sont bien différents l'un de l'autre. Dans le domaine intellectuel il existe un contraste analogue. L'adage *multum non multa* que l'on applique à ceux qui étudient met en relief l'intensité que l'on oppose à l' « extensité ».

Il n'est pas toujours facile de déterminer les facteurs de l'énergie ; cette difficulté provient de ce que le produit, tout comme le chiffre 12 par exemple, peut être décomposé de diverses manières en sorte que l'on ne sait plus à laquelle il faut donner la préférence, (*Rem. 21*).

Ce n'est pas ici le lieu d'envisager ces difficultés ; toutefois, je citerai le cas de l'énergie électrique dont le facteur extensif est la quantité d'électricité, (en pratique cette quantité se mesure en ampères-heure) et dont le facteur intensif est la tension (qui s'exprime en volts). Pour conduire au loin l'énergie électrique il importe peu, en principe, que la tension soit haute ou basse, que la quantité soit petite ou grande ; en pratique, pour des raisons d'économie, le premier mode est préférable.

Ces exemples nous permettront de définir l'évolution des phénomènes naturels en disant : *L'extension de l'énergie augmente, son intensité diminue.* Dans les processus spontanés, ce principe est vrai sans restriction ; dans les processus forcés, il est encore vrai à la condition de tenir compte de l'énergie étrangère dont l'intervention est nécessaire. La dispersion de l'énergie se produit d'elle-même. Il faut, pour la rassembler, un travail effectif, et ce travail doit être payé par la dispersion de l'énergie étrangère employée à cet effet. Je puis briser une poterie de mes propres mains; le travail nécessaire pour cela ne me coûte certes pas grand'chose, alors que la réparation des dégâts exigera l'intervention d'un habile artisan qui se fera largement payer.

Et puis, est-il toujours possible, dans la nature, de ramener à son état initial l'état de choses modifié par un phénomène? Pas n'est besoin, pour répondre négativement à cette question, de s'adresser aux phénomènes vitaux d'ordre supérieur. Des faits très simples suffisent. L'eau mélangée du bassin en est un exemple. Personne, en effet, n'est capable de tirer de ce bassin l'eau très chaude primitivement contenue dans le verre. Il s'agit ici d'un phénomème *non réversible* par opposition aux processus *réversibles*. Chez ces derniers, la *réversibilité* est théoriquement parfaite; en pratique, elle se heurte à de grosses difficultés. Il est bien facile de répandre sur le sol un sac de pois, mais il faut un travail long et ennuyeux pour remettre les pois dans le sac; encore est-il probable que quelques pois se perdront dans les anfractuosités du sol.

En appliquant cet exemple aux phénomènes physiques et à la mécanique, on trouvera que l'état de choses initial peut être rétabli; mais ce retour est imparfait. Les pistons d'une machine à vapeur exécutent leur mouvement de va-et-vient, mais ce mouvement est accompagné de phénomènes connexes, comme l'usure du matériel. Cette usure n'a pas de mouvement de va-et-vient; bien au contraire, elle s'ajoute à l'usure qui va donc en progressant. Le piston, en avançant, enlève des parcelles du cylindre ; ces parcelles ne reprennent pas leur place primitive; au contraire, chaque mouvement du piston enlève de nouvelles parcelles. L'usure, l'échauffement et le rayonnement du calorique sont la conséquence de ces phénomènes. Il n'existe pas de processus après lesquels l'état de choses antérieur se trouve parfaitement reconstitué.

Après tous les phénomènes physiques, l'état de choses antérieur ne peut être reconstitué qu'imparfaitement ou peut ne pas l'être du tout. Ce qui est accompli est accompli, et l'énergie dispersée ne peut être qu'imparfaitement rassemblée. Une autorité supérieure paraît prélever un impôt sur tous les phénomènes physiques. En essayant d'échapper à cette dîme en mettant en jeu des phénomènes inverses, forcés, nous nous attirons une amende.

Jusqu'ici, nous n'avons parlé que du mouvement comme tel, que de la chaleur comme telle. Il est plus intéressant encore d'examiner les phénomènes au cours desquels l'énergie change de qualité, la transformation de la chaleur en mouvement, par exemple. Voyons ce qui se passe dans une chaudière à vapeur. La machine à vapeur transforme en mouvement la tension thermique contenue dans l'eau vaporisée. Le principe de la conservation a ici force de loi : il n'y a donc ni énergie perdue ni énergie gagnée. Or, il ne faut pas croire que la quantité de chaleur fournie à la machine est intégralement transformée en mouvement ; il ne faudrait pas s'imaginer que chaque calorie livre 428 kilogrammètres ; les faits nous montreraient bien vite notre erreur. En réalité, la machine produit une somme de travail beaucoup moins grande. Mais qu'est-il advenu du reste ? Nous en savons assez pour répondre : il s'est dispersé. Une partie en a passé dans les matériaux dont la machine est faite et les a échauffés. C'est donc la vieille histoire de la non-réversibilité des phénomènes accessoires. Mais, en faisant abstraction même de ce fait, un reste subsiste encore. Il est considérable et n'est pas transformé en travail parce qu'il passe sous forme de chaleur tiède dans les condenseurs ou réfrigérateurs ou, à défaut de ces appareils, dans l'air extérieur faisant office de réfrigérant. Il est prouvé qu'une machine thermique ne peut pas fonctionner sans condenseur ; la chaudière seule ne lui suffit donc pas. Une partie de l'énergie de la chaudière est transformée en travail ; une autre partie donne de la chaleur tiède qui sera transmise au condenseur. C'est là l'impôt dont il a déjà été question. Eh bien, il est certain qu'un État dans lequel pareil impôt serait perçu sur le revenu cesserait bien vite de subsister, pour la bonne raison que tous ses contribuables émigreraient. Cet impôt s'élève, en effet, à 70 0/0 des revenus. La partie de l'énergie transformée par la machine en travail utile constitue son rendement ; tout le reste est dispersé. Personne ne paie volontiers des impôts ; c'est pourquoi les ingénieurs s'efforcent depuis longtemps de remplacer la machine à vapeur par des machines moins onéreuses. Leurs efforts ont partiellement abouti ; dans d'autres cas, ils ont échoué. Mais, en principe, ce qui nous importe, c'est que le rendement n'atteindra jamais l'unité. Ici, en effet, sans dispersion d'énergie, rien n'est possible. *(Rem. 22.)*

En terminant, citons quelques noms. *Nicolas-Léonard-Sadi Carnot,* érudit et homme de génie, formula le premier scientifiquement la tendance qu'il reconnut dans les processus naturels ; c'était déjà en 1824. A cette époque, tout le monde et Carnot lui-même considéraient la chaleur comme un corps matériel ; le principe d'évolution est donc antérieur au principe de conservation. C'est précisément à cause de cela que l'on comprit mal en principe l'idée de Carnot ; il comparait l'eau à la chaleur et croyait que toutes deux ne peuvent fournir du travail qu'en passant, la première d'un niveau à un autre niveau moins élevé, la seconde d'une température élevée à une température moins élevée. Cette idée est juste : toutes deux fournissaient donc du travail sans que leurs quantités fussent modifiées, ce qui est juste pour l'eau, faux pour la chaleur. En effet, il n'est pas permis de comparer l'eau à la chaleur ; ce sont l'énergie de position de l'eau et la chaleur de l'eau qu'il faut comparer; or toutes deux diminuent en fournissant du travail. *Clausius* en Allemagne et *W. Thomson* (actuellement *Lord Kelvin)* en Angleterre ont tous deux et simultanément (1850–1860) contribué à corriger dans ce sens le principe de Carnot.

XI

L'ENTROPIE EST LE DEGRÉ DE DISPERSION DE L'ÉNERGIE

Nous nous représentons maintenant la tendance de tous les phénomènes en partant du principe qui les régit ; il nous reste à donner corps à ce principe, à l'énoncer ainsi que nous avons fait pour la conservation à laquelle nous avons donné pour devise le mot *Énergie*.

Dans ce domaine, les plus grands mérites sont ceux de *Rodolphe Clausius ;* cet illustre savant a imaginé un nom définissant cette notion ; tout d'abord le sens de ce mot a été restreint. Objectivement, le mot et l'idée sont heureux dans un sens, malheureux dans un autre.

Le degré de dispersion de l'énergie, son facteur d'extension est *l'entropie*. C'est, dans un sens élargi, la notion introduite dans la science par Clausius lui-même. Maintenant nous sommes en mesure de formuler un principe dont la portée est immense puisqu'il s'applique à l'ensemble de l'univers. Ce principe le voici : *Tout compte fait, l'entropie augmente sans arrêt,* ou bien : *L'entropie tend vers un maximum. (Rem. 23.)*

Entropie signifie retour à l'intérieur. Or, on peut à bon droit se demander jusqu'à quel point cette définition est compatible avec la signification de l'entropie en tant que degré de dispersion. Ici, une petite digression est nécessaire.

Il y a mines et mines. Les unes sont exploitables, les autres ne le sont pas, parce qu'elles sont inaccessibles et non parce qu'elles sont sans valeur. Il en est de même de l'énergie. Deux quantités d'énergie peuvent comporter le même nombre d'ergs et pourtant l'une d'elles est exploitable et par conséquent précieuse, alors que la seconde est inexploitable et partant sans valeur. Avec un pot d'eau bouillante il est possible de mettre en marche une petite machine à vapeur, une locomotive-jouet, par exemple : avec un grand bassin d'eau à la température ambiante, ce travail ne peut pas être fait. L'Océan renferme sous forme de chaleur une quantité incalculable d'énergie ; cette énergie mettrait en marche tous les vaisseaux du monde et bien d'autres machines encore ; mais, en fait, elle ne sert à rien parce qu'elle est dispersée, égalisée ; il en est ainsi parce que l'Océan en tant que chaudière n'a pas de condenseur. Dans une machine à vapeur, une partie de la chaleur est employée à fournir du travail. Le reste se perd en donnant de la *chaleur froide*. Au lieu de dispersion nous pourrions dire *dépréciation ou dégradation de l'énergie*. Cette dégradation est considérée comme un *retour vers l'intérieur*. Dans ce sens encore, le mot *entropie* est des plus heureux ; dans un autre sens, il est malheureux parce que sa faculté d'accroissement peut fausser les idées ou nuire à la compréhension. Il eût été préférable de donner un nom au facteur intensif de l'énergie et d'employer pour cela le mot *ectropie* c'est-à-dire retour à l'extérieur ou faculté de produire un travail effectif ; ce mot nous permettrait de poser en principe que l'*ectropie universelle tend vers un minimum*. La tendance défavorable de ce processus serait ainsi désignée par un qualificatif direct et positif. *(Rem. 24.)*

La théorie de l'énergie semble jouer sur les mots en parlant d'une part de dégradation, d'autre part de conservation. Ou bien l'énergie est dégradée, ou bien elle est conservée. Un erg d'énergie motrice et un erg d'énergie thermique sont égaux, et alors leur valeur est la même, ou bien ils sont inégaux et, par conséquent, de valeur inégale. Un erg reste toujours un erg. Des considérations précédentes, il résulte que cette contradiction n'est qu'apparente : des grandeurs égales mais de valeurs différentes sont parfaitement conciliables. Deux exemples très simples nous le montreront.

Le premier a trait à l'assurance contractée par la nature contre les pertes d'énergie ; le travail perdu est remplacé par une autre forme d'énergie, la chaleur par exemple. La pierre tombe sur le sol ; sa force vive a disparu, le sol s'est échauffé ; cette chaleur a remplacé la force vive, mais ce remplacement n'est pas satisfaisant parce que cette chaleur ne rendra pas à la pierre sa force vive. Il en est exactement de même dans un incendie pendant lequel des documents précieux ont été consumés ; un expert en fixe la valeur et cette valeur est payée en espèces sonnantes au propriétaire. La Compagnie d'assurances est incapable de faire davantage et, somme toute, le dommage n'est pas réparé ; l'argent ne remplacera pas les manuscrits ; ceux-ci sont perdus sans retour. Dans la nature, de même, le remplacement n'empêche pas la destruction, sans retour, d'énergie utile ; l'ectropie diminue sans cesse, l'entropie augmente sans cesse.

Les transactions commerciales nous offrent l'exemple d'un phénomène général et journalier au cours duquel la conservation et le changement de valeur marchent de pair : Le prix représente l'équivalent de la marchandise et pourtant chacun des contractants a intérêt à conclure le marché. S'il en était autrement, le commerce n'existerait évidemment pas. La totalité des valeurs objectives n'est pas modifiée par les échanges commerciaux, alors que la totalité des valeurs subjectives est augmentée. La nature, elle aussi, fait continuellement des échanges, mais, malheureusement, elle échange toujours ses valeurs contre des valeurs moindres ; elle en devient évidemment de plus en plus pauvre.

XII

CONSÉQUENCES DE L'ENTROPIE

Avant de conclure, résumons les faits examinés au cours de cette étude et voyons ce que nous réserve l'avenir.

Quantitativement, l'énergie est immuable, mais ses états et ses qualités se modifient. Ses transformations ont une tendance bien marquée, c'est la tendance à la dégradation. Celle-ci peut se montrer dans une seule et même forme d'énergie, dans la chaleur par exemple. A nombre égal d'ergs la *chaleur tiède* a moins de valeur que la *chaleur chaude*; cette moins-value provient de ce que la chaleur chaude peut se transformer d'elle-même en chaleur tiède alors que, pour atteindre le résultat inverse, il faut faire des sacrifices. Encore ce résultat n'est-il pas toujours réalisable, même au prix des plus grands efforts. Les diverses formes d'énergie ont, elles surtout, une valeur inégale. Parmi ces formes, il y a pour ainsi dire des différences de rang. Leur classement est parfois difficile ; il n'est pas soumis à des lois générales, en sorte que chaque cas doit être considéré à part. Ce que l'on peut affirmer, par contre, c'est que la chaleur occupe le dernier rang parce qu'elle est imparfaitement transformable (*Rem. 25.*) La chaleur tiède est un produit secondaire inopportun dans tous les phénomènes. Beaucoup d'industries ont déjà échoué à cause de la formation de produits inutilisables. Qu'en est-il, à ce point de vue de l'industrie qui nous intéresse le plus directement, c'est-à-dire du mécanisme de l'univers ?

La quantité d'énergie reste constante et l'entropie s'accroît. Le soleil brille mais les ombres s'allongent. Partout la dispersion, le nivellement, la dégradation ! Les réserves de charbon de terre vont en diminuant. Se reformeront-elles ? Les montagnes s'écroulent sous les effets de l'érosion ; elles ne se relèveront pas. Les sources de chaleur rayonnent sans avoir l'occasion de se reconstituer. Le jour n'arrivera-t-il pas où tout sera entropie, où rien ne sera ectropie ? Dans les phénomènes forcés accomplis par la nature ou par l'homme, il y a toujours concentration et différenciation d'énergie, mais ce ne sont là que des gouttes d'eau tombant dans un brasier. Ces phénomènes peuvent ralentir l'élan, ils sont incapables de l'arrêter. Toute illusion est ici impossible.

L'état qui résultera de cette tendance c'est l'arrêt,

un arrêt général, un arrêt de tout ce qui est vie et mouvement.

Il est heureusement des considérations permettant d'atténuer quelque peu la sombre désespérance de ces perspectives. Pour que le nivellement se produise, des différences de niveau sont nécessaires. Or, ces différences diminuent toujours. Il en résulte que ce phénomène universel à tendances si lamentables ira en se ralentissant toujours davantage. *(Rem. 26.)* A l'heure qu'il est, il s'est déjà calmé; il chemine plus paisiblement qu'à l'époque des grandes perturbations et des grands cataclysmes naturels. La marche de ces cataclysmes ira donc en se ralentissant toujours davantage et elle ne s'arrêtera qu'à *une époque impossible à fixer, tant elle est éloignée.*

C'est donc pour un temps incalculable que l'humanité pourra jouir encore des bienfaits de la Dominatrice du monde. Elle pourra subsister longtemps malgré les ombres qui vont en s'allongeant. *(Rem. 27.)*

REMARQUES

1. — L'univers, dans son ensemble, est le seul système véritablement complet ; tous les complexes limités ne le sont qu'approximativement. La poussière pénètre dans les armoires si bien faites et si bien fermées soient-elles. A la longue les récipients de verre, même soudés à la lampe, laissent passer leur contenu à travers leurs parois. La Terre elle-même n'est pas un système matériellement complet : les chutes de météores augmentent sans cesse le volume du globe; d'autre part, il est à peine douteux que des parcelles de l'atmosphère sont emportées dans l'espace; ce dernier reçoit pour ainsi dire la poussière de l'air (1).

(1) La découverte, faite par sir J. Dewar, de traces de coronium dans notre atmosphère, est venue corroborer à point

2. — En principe, la masse et le poids sont deux notions bien différentes. La masse est la résistance qu'un corps oppose au mouvement ; nous la percevons par le sens musculaire. Le poids d'un corps, par contre, est l'effort que ce corps exerce sur le plateau de la balance ; c'est donc une force. Or les forces se mesurent ordinairement en multipliant la masse par l'accélération du mouvement résultant de l'action de cette force ; dans le cas particulier, c'est le produit de la masse par l'accélération avec laquelle le corps tomberait si le plateau de la balance ne le retenait pas ; en représentant la masse par m, l'accélération par g, le poids par P, nous dirons :

$$P = mg.$$

Si par masse on entend une propriété essentielle d'un corps, son poids sera variable ; il changera avec les lieux parce que g varie ; sur la Terre on a en moyenne :

$$g = 981 \frac{\text{cm}}{\text{sec}^2}.$$

l'ingénieuse théorie d'Arrhénius, faisant reposer le phénomène des aurores polaires sur des projections solaires analogues aux rayons cathodiques, c'est-à-dire sur un véritable transport de matière extrêmement ténue, traversant l'espace avec une très grande vitesse. Ainsi, non-seulement la terre perdrait des molécules individuelles, mais elle en gagnerait d'autre part, reliée ainsi aux espaces célestes par un double courant qui la reconstituerait en même temps qu'il la désagrège. *(Note du traducteur.)*

Aux pôles et à l'intérieur de la Terre, jusqu'à une certaine profondeur, g est un peu plus grand; il est plus petit à l'équateur et sur les montagnes. *Grosso modo* le poids d'un corps, dans le système C. G. S. seulement, est 981 fois plus grand que sa masse. Malheureusement ce rapport très clair est troublé par le fait suivant : L'unité de masse usuelle (c'est-à-dire la millième partie de la masse du kilogramme international) et le poids de cette unité à 45° de latitude et au niveau de la mer sont désignés par un même mot, le gramme (g). Dans tous les cas douteux, il faudra donc dir i l'on entend le gramme-masse ou le gramme-poids.

En pratique, cette double signification est très commode, car, lorsqu'un corps a une masse de 100 grammes-masse, par exemple, il pèse aussi 100 grammes-poids. Donc, en pratique, à la condition de ne pas changer de lieu, masse et poids reviennent numériquement au même.

3. — Ces recherches ont été faites en 1893 par M. Landolt. Elles ont été continuées en 1901 par M. Heydweiller. Dans la plupart des réactions chimiques, le poids ne changeait pas d'une manière appréciable; dans d'autres cas cette différence était à peine marquée et se traduisait par une diminution du poids. Il ne s'agit pas ici de masse, mais d'une corrélation avec la gravitation *(v. Rem. 2)*, et il serait possible que des forces étrangères entrant en jeu au

moment de la réaction vinssent influencer la pesanteur; ces forces sont inconnues; les résultats actuels semblent montrer qu'elles ne sont pas magnétiques (1).

4. — Ces recherches ont été faites parce qu'en 1893 lord Rayleigh s'aperçut que l'azote tiré de l'air atmosphérique est toujours un peu plus dense que l'azote préparé par voie chimique. Les explications de ce fait étaient insuffisantes; il fallait en conclure que l'azote atmosphérique renferme un corps inconnu bien différent de l'azote et révélant sa présence malgré sa minime quantité. En effet, ce gaz fut isolé par deux méthodes différentes; ses affinités chimiques sont très faibles; il est paresseux, d'où son nom d'argon *(a, ergon,* sans énergie*)*. Peu après sir W. Ramsay découvrit encore le krypton, le néon et le xénon. Le métargon considéré d'abord comme un élément est

(1) Les résultats sont contradictoires. Ainsi, tandis que les écarts avant et après l'acte de la combinaison sont le plus souvent nettement inférieurs aux limites des erreurs d'observation, les quelques expériences desquelles M. Landolt et M. Heydweiller ont pensé pouvoir conclure à un changement ont conduit à des différences si faibles qu'il est impossible d'affirmer avec certitude leur réalité. Les plus grands écarts se rapportent bien à des combinaisons dans lesquelles l'un au moins des éléments est magnétique sous l'une de ses formes. Ces écarts sont d'ailleurs d'une petite fraction de milligramme, quantité dont il est difficile de garantir la réalité dans des pesées faites dans les conditions difficiles qu'impose l'expérience en question.

D'autres auteurs, et notamment MM. Sanford et Ray concluent à une variation non mesurable par nos moyens actuels. Il semble que la question reste encore ouverte. *(Note du traducteur.)*

un carbure. Enfin, en ce qui concerne l'hélium, disons que ce gaz a été trouvé d'abord dans le soleil par l'analyse spectrale, puis dans les minéraux terrestres. Jusqu'à ces derniers temps, on ne savait pas s'il existe dans l'atmosphère; il s'y trouve, mais en quantité extrêmement faible; il est à supposer qu'il s'est répandu dans les espaces universels à cause de sa très grande légèreté; peut-être existait-il autrefois en plus grande quantité dans l'atmosphère.

5. — Le lecteur s'étonnera de ce que nous n'avons pas cité la géométrie comme science exacte, au même titre que la physique et la chimie; beaucoup estiment peut-être que la géométrie doit être placée au-dessus de la physique et de la chimie. La géométrie pure, c'est-à-dire l'étude des formes dans l'espace n'est pourtant, comme l'algèbre, qu'une science accessoire des sciences physiques. La cinématique étudie les mouvements sans s'occuper des forces qui les produisent; elle est donc purement abstraite et ne devient science physique que lorsqu'elle embrasse une masse et une force, c'est-à-dire lorsqu'elle est devenue dynamique; or la dynamique est un chapitre de la physique.

En parlant d'une forme et d'un contenu, nous n'entendons nullement poser ici la question du caractère final des mathématiques d'une part, des sciences physiques de l'autre. Ce caractère a-t-il pour base la forme ou le contenu ? La lutte à ce sujet bat son plein. Elle roule sur les notions fondamentales de l'arithmétique et sur l'essence même de toute la connaissance naturelle. Cette lutte est sans doute oiseuse parce qu'il n'est guère possible de juger de l'essence même de la connaissance en se basant sur la connaissance ; ce n'est pas en prenant un point d'appui sur soi-même que l'on se tire d'un bourbier.

6. — Ce dualisme se retrouve d'un bout à l'autre de la physique mathématique ; voyons quel est son point de départ. Toutes les notions physiques peuvent être rapportées à trois notions principales. L'accord à ce sujet est complet : Deux de ces notions se rapportent à l'espace et au temps, ce sont la longueur L et le temps T ; la troisième notion peut être exprimée aussi bien par la masse M que par la force F, c'est-à-dire par le poids P. Le système fondamental qui en résulte est le système L. T. M., le système L. T. P., ou, plus généralement, L. T. F. Le premier est surtout employé dans la science, le second dans la pratique. C'est un dualisme que l'on peut définir comme l'antithèse entre le principe *actif* et le principe *passif ;* c'est ainsi, par exemple, que la planète Jupiter peut être caractérisée par son mouvement autour du soleil ou par le mouvement de ses satellites. Ce dualisme prend les formes les plus diverses. Il se rencontre dans toute la nature et se termine dans le dualisme célèbre de l'âme et du corps.

7. — En progressant, les sciences voisines entrent

en contact et l'intérêt qu'elles éveillent en est augmenté ; c'est ainsi que dans ces derniers temps, la chimie physique a pris un développement puissant ; pour elle la question de la matière et la question de l'énergie ont une importance égale. Parmi les représentants de cette science les uns sont des physiciens, d'autres des chimistes. D'autres encore seraient bien embarrassés de dire s'ils sont physiciens ou chimistes. Tel serait surtout le cas de MM. Nernst et Arrhenius.

8. — La distinction entre la durée et l'étendue du travail amène des difficultés de principe. Je n'en citerai qu'un exemple. Tenir le bras étendu avec un poids dans la main est certainement un travail dans le sens naïf du mot. Le sens musculaire transmet la sensation de ce travail et cette sensation augmente avec le temps ; cependant, scientifiquement ce travail équivaut à zéro parce que l'un des deux facteurs dont le produit est le travail, à savoir la hauteur d'élévation, est égal à zéro. Il y a là une contradiction. Pour la résoudre il faut se représenter que le poids tomberait à terre s'il n'était pas soutenu. En le tenant on l'empêche de tomber d'une certaine hauteur. La définition du travail devrait donc être élargie. Le travail devrait être considéré ou bien comme le produit de l'intensité de la force par la longueur du chemin parcouru par son point d'application lorsque celui-ci se déplace suivant la direction de la force, ou bien comme la force qu'il faut déployer pour empêcher un

corps d'obéir à la force qui tend à le mettre en mouvement. Cette représentation n'est pas complètement abstraite ; on sait en effet que le poids soutenu en l'air n'est pas complètement immobile ; il subit des vibrations dans le sens vertical ; au début, ces vibrations sont très minimes ; elles augmentent avec le temps, c'est-à-dire avec la fatigue et l'augmentation des dépenses en force musculaire.

9. — Le physicien *Th. Young* a, le premier, introduit dans la science le mot *énergie*. C'était en 1807 ; en 1853 *Rankine* lui donna un sens complet. Dans sa forme cette définition manque de précision et laisse à désirer. C'est pourquoi nous ne la citerons pas ici.

10. — Pour être plus précis, il faudrait dire : « La science des déplacements et des transformations de l'énergie ». Les déplacements de la matière demeurent comme quatrième groupe ; ils relèvent de la physique et non pas de la chimie.

11. — On pourrait ajouter, pour être bien compris : « Son détournement est puni ». Ce fait est fixé pour l'énergie électrique par une loi spéciale. Cette loi codifie les points de détail. Elle est la bienvenue quoique inutile en ce qui concerne la question ci-dessus. Ce que les abonnés (à l'énergie électrique) paient à prix d'argent est volé quand on ne le paie pas. C'est là une chose bien claire. Le jugement du tribunal qui

décide le contraire résulte d'une entente insuffisante entre juristes et physiciens. Au sujet de l'électricité les premiers ne surent pas s'en tirer et les seconds ne comprirent pas le sens du mot « chose » car ce mot ne se rencontre pas en physique. Ils entendaient par là quelque chose de *matériel* alors qu'il ne s'agissait que de quelque chose de *réel*.

12. — Voici quel est le véritable rapport entre l'erg et le kilogrammètre : L'erg est le travail accompli par l'unité de force ou *dyne* dont le point d'application se déplace d'un centimètre dans le sens de la force. La dyne est la force qui, agissant pendant une seconde, imprime à la masse d'un gramme une accélération d'un centimètre. L'erg est donc une dyne-centimètre. A Paris l'accélération de la pesanteur est de 9,81 $\frac{m}{sec^2}$ environ. Donc la force exercée par la pesanteur sur la masse du gramme est environ neuf cent quatre-vingt-une fois plus grand que la dyne. En élevant à la hauteur d'un mètre le poids d'un kilogramme, on exécute un travail qui, comparé à l'erg, est : 1° cent fois plus grand, parce qu'un mètre comprend cent centimètres ; 2° mille fois plus grand, parce qu'un kilogramme vaut mille grammes ; 3° neuf cent quatre-vingt-une fois plus grand, parce que la pesanteur exerce sur la masse du gramme une force neuf cent quatre-vingt-une fois plus grande que la dyne.

En conséquence 1 kgm = 98,1 millions d'ergs.

En élevant d'un centimètre le poids d'un gramme on produit un travail de neuf cent quatre-vingt-un ergs. Pour produire un travail d'un erg il suffit de soulever de un centimètre $\frac{1}{981}$ de gramme, soit à peu près un milligramme.

13. — L'expression kilowatt-heure résulte de ceci : Le travail effectué par une machine augmente avec le temps pendant lequel celle-ci travaille. Ce qui caractérise la machine c'est le travail qu'elle fait et le temps pendant lequel elle travaille. C'est là ce qu'on appelle la production de la machine, production que l'on mesure en ergs et en secondes. Cette unité est très faible. On se sert donc de megaergs par secondes ou mieux encore d'une unité dix fois plus grande appelée watt en souvenir du grand physicien et technicien anglais ; mille watts font un kilowatt. Le cheval vapeur est l'ancienne unité. *Grosso modo* elle est au kilowatt comme quatre est à trois. D'une manière plus précise, 736 watts ou 0,736 kilowatt valent 1 cheval-vapeur Pour exprimer un travail, il faut évidemment multiplier l'effet par le temps. En employant des heures plutôt que des secondes, on arrive au kilowatt-heure. Parfois aussi on emploie une unité dix fois plus petite, l'hectowatt-heure.

Le kilowatt-heure équivaut à $1000000 \times 10 \times 1000 \times 60 \times 60$ ergs = 36 trillions d'ergs ainsi que nous l'avons indiqué dans le texte.

14. — Il est facile, dans un cas simple, d'exprimer l'énergie active, vivante. C'est ce qui arrive quand un corps dont la masse est exprimée par m, atteint en une seconde la vitesse v, alors qu'au début de la seconde, le corps était encore au repos. Dans ce cas, le travail nécessaire est exprimé par la force multipliée par le chemin parcouru ; de son côté, la force est la masse multipliée par l'accélération. M, représente la masse. L'accélération, c'est-à-dire l'augmentation de vitesse, est représentée par $v - o = v$; le chemin parcouru serait nul si le corps conservait pendant la seconde entière une vitesse nulle ; le chemin parcouru serait égal à v si, dès le début, le corps avait eu une vitesse v. En réalité, sa valeur est la valeur moyenne, c'est-à-dire $\frac{1}{2} v$.

Le travail employé, est renfermé maintenant sous forme d'énergie cinétique. Il est exprimé par la formule

$$mv \frac{1}{2} v, \text{ c'est-à-dire } \frac{1}{2} mv^2$$

ce qui signifie : L'énergie actuelle est la moitié du produit de la masse par le carré de la vitesse. Cette formule peut être généralisée.

Autrefois l'énergie actuelle était appelée *force vive*.

15. — Bien avant que l'on eût défini exactement la notion d'énergie potentielle, on employait en mathématiques et en physique une notion purement abstraite, *le potentiel*. C'est la grandeur dont le taux de la chute $\left(\frac{dV}{dx}\right)$ à partir d'un point quelconque d'un champ de force est égal, dans toutes les directions à la force agissant en ce point et dans cette direction. Le taux de la chute étant multiplié par un déplacement infiniment petit dans la direction considérée $\left(\frac{dV}{dx}\,dx\right)$ donne le travail élémentaire correspondant au déplacement dans le champ. Tout déplacement fini engendre ou consomme un travail égal à la différence du potentiel aux deux extrémités du chemin parcouru.

16. — Cette proposition a été établis d'une part, théoriquement, en se basant sur la nature des phénomènes de mouvement. C'est l'intégrale des équations de mouvement. D'autre part cette proposition s'est développée et largement répandue, indépendamment du premier mode, par l'expérience journalière, par l'observation des mouvements simples et par la solution des problèmes techniques.

La nature en offre deux exemples : Les deux extrémités d'une corde qui vibre ont un minimum de mouvement et c'est à ces extrémités que la tension est la plus grande. Au milieu de la corde, la tension est à son minimum et c'est là que le mouvement est le plus rapide. C'est quand la Terre est le plus éloignée du Soleil qu'elle se meut le plus lentement ; c'est alors aussi que la tension de la Terre par rapport au Soleil est la plus grande; la réciproque est vraie aussi. En technologie relevons avant tout la *règle d'or de la mécanique* : ce que l'on perd en vitesse on le gagne en force et réciproquement. Il est donc possible de modifier dans un sens favorable les facteurs du travail. mais il n'est pas possible de modifier le travail lui-même.

17. — On entend souvent dire que la chaleur n'est pas de la matière mais qu'elle est un mouvement. Cette formule ne comprend pas la proposition principale. Elle mêle l'essentiel à ce qui, pour le moment du moins, n'est qu'accessoire. Mieux vaut dire la chaleur n'est pas de la matière, c'est de l'énergie. Une autre question, très intéressante assurément, mais secondaire, serait de savoir si la chaleur est de l'énergie potentielle ou de l'énergie actuelle. Disons d'emblée qu'elle sera l'un ou l'autre, selon les circonstances, mais que la question ne peut pas être tranchée objectivement parce que le mouvement servant de base à l'énergie calorifique actuelle présumée est invisible. Il ne s'agit que d'un mouvement des parcelles les plus ténues dont la matière est censée être formée. Récemment ces mouvements ont été qualifiés de « cachés. » La théorie cinématique des gaz a brillamment fait ses preuves dans ses corrélations avec la température. Cette théorie met au premier plan l'énergie cinétique des parcelles gazeuses en vibration

et n'attribue qu'un rôle très effacé à leur énergie potentielle, c'est-à-dire à leurs tensions réciproques ; ce rôle n'apparaît que lorsque deux parcelles gazeuses se rapprochent beaucoup l'une de l'autre. En conséquence il n'est pas exact que, dans les gaz, la chaleur soit un mouvement. Cette affirmation est encore moins plausible pour les autres corps parce que leur énergie potentielle joue certainement un rôle plus important.

18. — Que devient l'équivalent de travail de l'électricité, du magnétisme, de la lumière ? Voilà sans doute ce que beaucoup de lecteurs se demandent. Quels sont les chiffres exprimant ces équivalents dont l'intérêt n'est pas moindre que celui de l'équivalent de la chaleur ?

En électricité le développement historique a eu une influence énorme sur ces faits. L'équivalent électrique serait le rapport existant entre l'unité d'énergie électrique et l'unité d'énergie mécanique. Jusque dans le dernier quart du siècle dernier, il n'existait pas d'unité électrique reconnue ou sanctionnée. Lors de la création des unités internationales, le principe de l'énergie avait pris une prépondérance telle que l'on ne créa pas une unité électrique spéciale ; on décida simplement de la mesurer en ergs ou en multiples d'ergs ; alors déjà on remarqua que le travail d'un courant est le produit de sa quantité et de sa tension ; la première se mesure en coulombs ou ampèressecondes ; la seconde se mesure en volts. Leur produit est le volt-coulomb ou joule, c'est-à-dire le watt-seconde (*v. Rem. 13*) ; elle exprime le travail en énergie.

En pratique on se sert du kilowatt-heure qui est égal à 36 trillions d'ergs. En mesurant l'énergie électrique en kilowatt-heures, nous dirons en conséquence : L'équivalent de travail de l'énergie électrique est de 36 trillions.

Il en est autrement encore de l'énergie lumineuse. Les rayons lumineux renferment de l'énergie, c'est certain (1). La question des unités lumineuses attend encore une solution définitive. Les propositions faites sont bien étudiées et les notions bien définies (Lumière = effet, lumière-seconde ou lumière-heure =

(1) Récemment le physicien russe *Lebedew* a mesuré effectivement la pression exercée par ces rayons.

L'énergie contenue dans une radiation se manifeste par deux effets distincts : l'un est l'échauffement des corps qui l'absorbent sans éprouver de modifications chimiques transformant en totalité l'énergie de la radiation, l'autre est une pression, proportionnelle à la puissance de la radiation et inversement proportionnelle à sa vitesse de translation. Mais, tandis que le dégagement de chaleur par le fait de l'absorption est d'autant plus grand que le corps est plus voisin du corps noir, et s'annule pour un miroir parfait, la pression est deux fois plus grande pour ce dernier que pour le corps noir.

La valeur de cette pression a été donnée théoriquement par Maxwell, et cherchée sans succès par Bartoli. Le physicien russe Lebedew est le premier qui en ait mesuré la grandeur. M. Lebedew a montré en outre la grande importance de ce phénomène pour les problèmes cosmiques. *(Note du traducteur.)*

énergie). Il suffira donc de rappeler ici les données de Tumlirz. Une lampe à acétate d'amyle de type précis projette à un mètre sur une surface (écran) d'un centimètre carré une énergie lumineuse d'environ 15 ergs à la seconde.

19. — Si l'on parvenait à ramener exactement la notion de matière à la notion d'énergie, l'existence du monisme sous forme d'*énergétique* serait assurée, du moins en ce qui concerne la nature inorganisée. Nous avons déjà démontré les imperfections du dualisme existant entre la physique et la chimie (*v. Rem. 10*); ce dualisme deviendrait insoutenable et il faudrait dire : Dans des circonstances données, les complexes d'énergie donnent la sensation de corps matériels ayant des qualités durables ; une branche spéciale, la chimie, s'occupe de ces qualités et de leurs transformations.

En se basant sur ce principe avancé, il faut reconnaître la possibilité d'une disparition de la matière, cette matière se transformant en énergie invisible. Inversement l'énergie invisible serait capable de se transformer en matière visible.

Le principe de la conservation de la matière ne serait plus vrai et les considérations de la page 7, perdraient leur valeur.

20. — La quantité de matière et la quantité d'énergie ne sont du reste pas seules invariables ; d'autres

choses d'importance moindre le sont aussi. Rappelons simplement la fixité du centre de gravité, l'immuabilité du plan des vibrations et des mouvements circulaires, du plan de Laplace, des tourbillons annulaires.

21. — L'énergie cinétique du mouvement visible est exprimée ainsi que nous l'avons vu (*v. Rem. 14*), par la formule $\frac{1}{2} mv^2$. Cette formule peut-être décomposée en m (facteur d'extension) et en $\frac{1}{2} v^2$ (facteur d'intensité). Mais mv et $\frac{1}{2} v$ sont aussi deux facteurs du produit ci-dessus. Des doutes analogues peuvent s'élever au sujet de la chaleur, etc.

22. — Le degré d'action des machines thermiques est exprimé par un rapport remarquable ; son énoncé doit tenir compte de la *température absolue*. Rappelons qu'on appelle ainsi la température calculée à partir d'un zéro absolu et figuré. Dans la notation usuelle de la température, ce zéro équivaut à — 273° C. La température absolue d'un corps peut être calculée en partant du zéro ordinaire auquel on ajoute 273 degrés. Cette formule remarquable montre que le degré d'action et le degré de dispersion d'une machine thermique parfaitement réversible ne dépendent pas de l'agencement intérieur de la machine, mais qu'elles sont exclusivement fonctions des températures de la chaudière et du condenseur ; la chaleur

c dispersée et cédée au condenseur est à la chaleur C fournie par la chaudière ce que la température absolue t du condenseur est à la température absolue T de la chaudière. Nous aurons donc :

$$c : C = t : T.$$

Cette proposition dit encore que dans une machine incomplètement réversible, le degré de dispersion est encore plus grand et le degré d'effet encore plus petit. Prenons pour exemple une machine à vapeur dans laquelle $T = 100^\circ + 273^\circ = 373^\circ$ (eau bouillante), $t = 20^\circ + 273^\circ = 293^\circ$. Nous aurons

$$t : T = 293 : 373 = 0{,}73.$$

Donc 73 centièmes de l'énergie employée sont perdus ; seuls 27 centièmes sont transformés en mouvement. Mais en réalité le degré d'action est encore plus petit. Il ne comporte que 15 à 20 o/o parce que le fonctionnement des machines thermiques est accompagné de phénomènes concomitants non réversibles. Ce rendement peut être un peu augmenté en élevant la pression de la chaudière, mais cette augmentation n'est pas considérable. Le mal provient sans doute de ce que nous sommes trop au-dessus du zéro absolu, de ce que t ne peut pas être suffisamment abaissé. Pour les moteurs électriques cette restriction n'existe pas ; leur rendement est en conséquence beaucoup plus élevé.

23. — Le point de départ de la notion d'entropie est tout autre que celui de la notion d'énergie; l'entropie a pour base les phénomènes thermiques et non pas la mécanique, comme c'est le cas pour l'énergie. Dans ce domaine, sa définition scientifique pourrait être à peu près exprimée en partant des considérations contenues dans la remarque 22. Si, pendant une révolution complète, c'est-à-dire pendant un cycle, la machine donnait au condenseur autant de chaleur qu'elle en reçoit de la chaudière, nous aurions

$$-C + c = 0,$$

en considérant la chaleur reçue (C) comme négative et la chaleur émise (c) comme positive.

Mais tel n'est pas le cas, car s'il en était ainsi, la machine serait inutile. Toutefois, ainsi que nous l'avons vu, dans une machine réversible, l'équation

$$-\frac{C}{T} + \frac{c}{t} = 0$$

est juste. Cela signifie que la somme des chaleurs reçue et émise est nulle à la condition d'avoir été divisées toutes deux par la température absolue en cause. Tout corps échangeant de la chaleur avec le milieu ambiant peut être considéré comme une machine. Ses surfaces chaudes sont la chaudière, ses surfaces froides sont les condenseurs. Dans une chambre, les poêles et les fenêtres joueraient ce rôle. Nous pourrions exprimer ce fait par l'équation suivante dans laquelle Σ exprime la somme de beaucoup de ces termes :

$$\sum \frac{c}{t} = 0.$$

Cette équation est valable pour un cycle ; la machine (ou le corps) doit donc avoir parcouru une période complète c'est-à-dire être revenue à son état primitif. Dans tous les autres cas, cette somme a une valeur autre que zéro et cette valeur est l'entropie du corps S :

$$S = \sum \frac{c}{t}.$$

Nous dirons donc : *l'entropie est la somme de toutes les quantités de chaleur émises par le corps, chacune de ces quantités ayant été préalablement divisée par la température absolue à laquelle l'émission a eu lieu.* Il est nécessaire que tous les processus qui se sont déroulés dans le corps soient réversibles. Si tel n'est pas le cas, l'entropie augmente. C'est ce que nous avons déjà vu en parlant des machines à vapeur.

24. — Le mot *ectropie* a certainement été employé souvent à partir de l'introduction du mot *entropie*. Dans un sens peu différent, il joue un rôle dans la littérature, particulièrement dans les écrits de Georg Hirth.

En raison de leur style spécial et des explications quelque peu fantastiques qu'ils renferment, ces écrits n'ont pas attiré l'attention. Une partie de leur contenu eût pourtant mérité mieux.

25. — Pourquoi l'énergie thermique est-elle si imparfaitement transformable ? Une réponse à cette question est très plausible : D'après la théorie cinétique des gaz *(v. Rem. 17)*, la chaleur est due à un mouvement de va-et-vient des molécules. En conséquence, la chaleur est de l'énergie de mouvement, mais ce mouvement n'est ni visible ni palpable. C'est un mouvement caché *(v. Rem. 17.)* En outre, les parcelles vibrent dans tous les sens imaginables ; ce mouvement n'est donc pas *coordonné*. Il n'est pas possible d'agir sur lui, de le coordonner. A ce point de vue, la tendance des phénomènes naturels peut être caractérisée comme il suit :

Le mouvement coordonné se transforme de préférence en mouvement incoordonné et le mouvement visible se transforme en mouvement invisible.

A ces considérations Helmholtz ajoute une remarque intéressante : S'il était possible d'agir isolément sur les molécules, le principe de l'entropie disparaîtrait. Tel serait peut-être le cas pour les conditions de structure les plus délicates servant de substratum à la vie ; s'il en était ainsi, nous posséderions enfin un criterium de la vie consistant en ce que l'entropie ne s'applique pas aux phénomènes vitaux.

26. — Actuellement il existe encore des différences de niveau thermique bien définies. Quelques auteurs en ont conclu que l'âge du monde est, lui aussi, défini. Si le monde était infiniment âgé, ces niveaux se seraient déjà égalisés ou leurs différences seraient infiniment petites. Nous répondrons que nous appelons précisément définies les différences actuelles.

27. — Il est assez difficile de se représenter quel sera l'état final de l'univers. Les quelques opinions émises à ce sujet sont fausses. C'est ainsi que l'on parle souvent d'un refroidissement, d'un envahissement par la neige et les frimas. L'examen du système solaire nous intéresse particulièrement (1). Eh bien, la plus grande partie de ce système est constituée par le soleil avec ses réserves immenses de calorique. Lorsque l'énergie motrice des planètes se sera épuisée, celles-ci retomberont dans le soleil ; il en résultera un état final dans lequel régneront une grande chaleur et une densité extrêmement faible. Cet état ne différera de

(1) Le système solaire est envisagé ici comme un complexe entièrement fermé. Il ne faut pas oublier cependant que les astres qui le composent envoient aux espaces célestes beaucoup plus d'énergie qu'ils n'en reçoivent. Le principe de l'augmentation de l'entropie ne peut plus s'appliquer ici, car ce principe ne régit que les phénomènes soumis au principe de la conservation. N'oublions pas que la terre arrête au passage la quarante-milliardième partie seulement du rayonnement total du soleil, et que l'ensemble des planètes est loin de bénéficier de la cent-millionième partie de l'énergie que cet astre envoie dans toutes les directions de l'espace. *(Note du traducteur.)*

l'état initial du système solaire de Kant-Laplace que par le manque de rotation de cet océan de gaz brûlants. Seule, une impulsion provoquant une rotation nouvelle manquerait pour que l'histoire du monde recommençât à nouveau. Ces impulsions, *l'impulsion préhistorique* aussi bien que *l'impulsion posthistorique* possible, seraient dues à une puissance extérieure et absolument métaphysique. C'est ici l'extrême frontière de la connaissance humaine.

BIBLIOGRAPHIE

Voici la liste de quelques ouvrages traitant de l'énergie et de l'entropie. Les uns sont des travaux originaux, les autres des revues d'ensemble ou des descriptions populaires. Quelques-uns impliquent des connaissances mathématiques plus ou moins étendues. Les auteurs sont rangés par ordre alphabétique.

AUERBACH, *Kanon der Physik. Die Begriffe, Prinzipien, Sätze, Formeln und Konstanten der Physik*. Leipzig 1899. A part : chap. VII. Énergie, chap. VIII. Entropie.

— *Die Grundbegriffe der modernen Naturlehre*. Leipzig, 1902 (à la portée de tous).

BOLTZMANN, *Ein Wort der Mathematik an die Energetik*. (*Ann. der Phys. 1896*, vol. LVII, p. 39).

CARNOT, *Réflexions sur la puissance motrice du feu*. Paris. 1824.

CLAUSIUS, *Die mechanische Wärmetheorie* (3e édition), 3 vol. Braunschweig.

DUHRING, *Kritische Geschichte der Prinzipien der Mechanik*. Berlin, 1873 (3e édit., 1887).

HARTMANN (Ed. von) *Die Weltanschauung der modernen Physik*. Leipzig, 1902.

HELM, *Energetik*. Leipzig, 1898.
HELMHOLTZ, *Ueber die Erhaltung der Kraft*, Berlin, 1847.
— *Wissenschaftliche Abhandlungen*.
HIRTH, *Energetische Epigenesis*, Munich, 1898.
— *Entropie der Keimsysteme*. Munich, 1900.
JOULE, *Découverte de l'équivalent mécanique de la chaleur*.
— *Scientific Papers*. Londres, 1884.
KELVIN, (lord) [WILL. THOMSON], *Collected Papers*.
MACH, *Die Prinzipien der Mechanik, historisch-kritisch entwickelt* (4e édit.) Leipzig, 1901.
— *Die Prinzipien der Wärmelehre, historisch-kritisch entwickelt*. (2e édit.) Leipzig, 1900.
— *Populärwissenschaftliche Vorlesungen* (2e édit.) Leipzig, 1897.
MAXWELL, *Théorie de la chaleur*.
MAYER (Robert), *Die Mechanik der Wärme* (3e édit.) Stuttgart, 1893.
— *Kleinere Schriften*. Stuttgart, 1893.
OSTWALD, *Lehrbuch der allgemeinen Chemie*.
— *Grundriss der allgemeinen Chemie*.
— *Die Ueberwindung des wissenschaftlichen Materialismus*, Leipzig, 1895. (Conférence faite à l'Assemblée des naturalistes à Lübeck).
PLANCK, *Das Prinzip der Erhaltung der Energie*. Leipzig, 1897.
— *Grundriss der Thermochemie*. Br. 1893, v. surtout l'appendice.
— *Thermodynamik*. Leipzig, 1897.
— *Gegen die neuere Energetik (Ann. d. Physik*, 1896, vol. LVII, p. 72).
WALD, *Die Energie und ihre Entwertung*. Leipzig, 1889.
ZWERGER, *Die lebendige Kraft und ihr Maas*. Munich, 1885.

FIN

IMPRIMERIE CHAIX, RUE BERGÈRE, 20, PARIS. — 8906-9-04. — (Encre Lorilleux).

www.ingramcontent.com/pod-product-compliance
Ingram Content Group UK Ltd.
Pitfield, Milton Keynes, MK11 3LW, UK
UKHW012239240726
13966UKWH00003B/1166

9 782013 540339